河北省科学技术协会科普创作出版资金资助项目

茶艺师
科学素质培养手册

陈润丽　刘丽君　主编

河北大学出版社
·保定·

出 版 人：朱文富
责任编辑：马 敏
装帧设计：赵 谦
责任校对：耿兆飞
责任印制：常 凯

图书在版编目（CIP）数据

茶艺师科学素质培养手册 / 陈润丽，刘丽君主编
. -- 保定 ：河北大学出版社，2023.1
ISBN 978-7-5666-2092-7

Ⅰ. ①茶… Ⅱ. ①陈… ②刘… Ⅲ. ①茶艺－中国－
手册 Ⅳ. ①TS971.21-62

中国版本图书馆 CIP 数据核字 (2022) 第 254608 号

CHAYISHI
KEXUE SUZHI PEIYANG SHOUCE

出版发行：河北大学出版社
地址：河北省保定市七一东路2666号 邮编：071000
电话：0312-5073003 0312-5073029
网址：www.hbdxcbs.com
邮箱：hbdxcbs818@163.com
印 刷：保定市正大印刷有限公司
幅面尺寸：170 mm × 240 mm
字 数：165千字
印 张：11
版 次：2023年1月第1版
印 次：2023年1月第1次印刷
书 号：ISBN 978-7-5666-2092-7
定 价：38.00 元

编　委　会

主　编：陈润丽　刘丽君

副主编：郭宏杰　李　曼　秦　金

摄　影：刘丽君

前　言

茶出东方，国人饮茶之风兴于唐而盛于宋。自古就有“茶国”之称。随着人们生活水平的提高，愈来愈多的国人加入了饮茶大军，目前我国14亿人口中，饮茶者人数达4.96亿之多，茶成为中华民族的举国之饮。茶叶作为饮品含有大量茶碱、茶氨酸、茶多酚、茶儿素、咖啡因和多种维生素等有益身体健康的成分。饮茶有生津解渴、除湿清热、祛病轻身，降脂降压、预防癌症等多种功效。茶叶被世界卫生组织认定为最健康的饮品，但是茶作为一种特殊的饮品也有其固有的禁忌，只有掌握茶叶的科学知识，学会科学的选茶、科学的泡茶、科学的饮茶方法，才能促进健康。茶艺师作为具备茶艺服务与专业综合素养的技术人员，其职业水平和科学素养代表中华茶艺的整体水平，关系到对大众科学饮茶的推广和普及。为此，出版一本面向广大读者的茶艺科普读物非常必要。

《茶艺师科学素质培养手册》作为河北省科学技术协会科普创作出版资金资助项目的科普读物。其主要内容包括茶艺师的基本素质、茶艺师的专业素养、茶艺师的礼仪素养、茶艺师的科学素养、茶艺师的科学泡茶技法、科学饮茶与储茶等六个主题，从茶艺师应具备的专业科学素质角度普及了科学选茶、科学备具、科学泡茶、科学饮茶、科学储茶的知识与技能，阐述了茶与健康的关系。本书不仅可以作为大众科普读物，也可作为下岗失业人员、农民工职业技能提升的指南。

本书具有以下三大特点：

第一，立意新颖。本书从茶艺师应具备的科学素养角度出发，提出了健康、科学的饮茶方法，注重科普性、指导性和实用性。

第二，形式新颖。本书采用图文并茂的形式，增强了内容的趣味性，吸引更多的读者了解茶艺，本书的出发点是从专业角度普及一名出色的茶艺师应具备的素质。

第三，加入数字化资源。图书加入扫描二维码看视频的内容，读者可以扫码观看科普内容，茶艺的科学泡法等内容以可视化形式呈现于读者面前。

本书由河北建材职业技术学院茶艺技师陈润丽、高级茶艺师刘丽君担任主编，高级茶艺师郭宏杰、中级茶艺师秦金，以及秦皇岛市人大调研员李曼担任副主编。其中，陈润丽负责编写第二部分和第五部分，刘丽君负责编写第四部分，同时负责全书图片与视频的拍摄和各章节的编写体例、统稿及审校，李曼负责编写第一部分，郭宏杰负责编写第三部分，秦金负责编写第六部分。

在编写过程中，我们参考了大量的文献资料。在此，我们向参考过的文献作者表示诚挚的谢意。同时，向担任本书茶艺示范表演的河北建材职业技术学院茶艺社社长吴梦和参与本书视频与图片编辑的河北传媒学院毕业生秦鹏付出的辛勤工作表示感谢；向为本书校对工作做出贡献的郭子涵同学表示感谢！

此外，本书采用了河北建材职业技术学院历届茶艺社社长及骨干成员王亚丽、杨姗姗、连世佳、湛金玉、贾蓉、石雅鑫、宋文婷、曹晨琳、吴梦、翟亚栋、张茜茜等同学参加国家级、省级茶艺大赛的比赛与备赛照片素材，在此，一并表示感谢。

由于时间紧迫，本书在编写过程中难免有不足之处，希望有关专家和业界茶艺师提出宝贵意见。

本书编写组

2022 年 6 月 29 日

目　　录

第一部分
茶艺师的基本素质

梁启超说："人生在世，是要天天劳作的。因自己的才能、境地，把一种劳作做到圆满，便是天地间的第一等人。"这里的"劳作"，可以理解为我们所说的"职业"。

职业是社会分工的产物。《现代汉语词典》对"职业"的解释为：个人服务社会并作为主要生活来源的工作。职业具备社会性、经济性、技术性、稳定性、规范性、时代性特征。我国纳入《中华人民共和国职业分类大典》的工作有 1800 多个，茶艺师就是其中之一。

1999 年劳动部正式将"茶艺师"列入《中华人民共和国职业分类大典》并制订《茶艺师国家职业标准》。如今茶艺师成为各大茶叶公司、茶楼、涉外宾馆争先"抢购"的人才。通过专业培训的茶艺师往往能得到消费者信赖，既能给企业带来直接经济效益，又能成为茶艺与茶文化的传播者，成为深受消费者欢迎且富有生活与文化品位的职业。

一、茶艺师的职业道德

（一）初识茶艺师

1. 茶艺师的概念及工作内容

茶艺师是具备茶叶专业知识和茶艺表演、服务、管理等综合技能的人员。

茶艺师的工作内容为：鉴别茶叶品质，对各类常用茶进行鉴别、审评；按照需要设计和布置品茗环境；根据茶叶品质，选择相适的水质、水量、水温和冲泡器具；根据茶艺要求，选配音乐、服装，插花、熏香等；展示、演示多种茶品的冲泡技艺；向服务对象介绍交流茶叶基础知识、饮茶知识、茶叶保管方法等；策划、实施各类茶会并具备一般茶馆的经营和管理；能够完成创意性的茶席设计。

2. 茶艺师的职业岗位要求

茶艺师要具备茶艺师的职业道德和职业修养；具备茶艺师的接待礼仪；具备茶艺师专业知识，掌握茶树与茶类辨识能力；具备茶艺师的科学素质，掌握茶物理、茶化学、茶与健康的知识；熟悉茶叶主要的冲泡器具、掌握科学冲泡方法；掌握科学品饮茶叶方法，具备茶叶存储知识。

3. 茶艺师职业等级

茶艺师共设五个职业等级，分别为初级（国家职业资格五级）、中级（国家职业资格四级）、高级（国家职业资格三级）、技师（国家职业资格二级）、高级技师（国家职业资格一级）。

（二）茶艺师的职业道德

1. 职业道德认知

职业道德是指从事一定职业的人，在职业活动的整个过程中必须遵守的符合职业特点要求的行为准则、思想情操和道德品质，它是人们在长期的职业实践中，逐步形成的职业观念、职业良心和职业自豪感等道德品质。它既是对从业人员在职业活动中行为的要求，同时又是职业对社会所负的道德责任和道德义务。遵守职业道德原则，热爱本职工作，不断提高服务质量是执业者职业道德的基本准则。

职业道德可以调节从业人员内部的关系，以及从业人员和服务对象之间的关系，规范从业人员的职业行为，并激励和鼓舞从业人员做好本职工作；职业道德有助于塑造企业和行业形象，提高企业和行业信誉，促进企业和行业发展。

2. 职业道德基本内容

爱岗敬业、诚实守信、办事公道、服务群众、奉献社会是各行各业共同遵守的职业道德基本规范。其中，敬业、诚信是职业道德规范的重点。由于不同行业在工作性质、社会责任、服务对象、服务内容和服务方式等方面存在诸多差异，因而，每个行业都有自己特殊的职业道德要求。

行业道德规范把适用的职业道德基本规范与特定行业的具体要求结合起来，变成了可操作的具体行为准则，便于理解和执行，更便于规范从业人员的职业行为。

3. 茶艺师职业道德标准

茶艺师行业道德规范是把适用的职业道德基本规范与茶艺师岗位具体要求结合起来，形成了可操作的具体行为准则，从而规范茶艺师的职业行为。

《茶艺师国家职业标准》规定茶艺师行业道德规范是：热爱专业、忠于职守、遵纪守法、文明经营、礼貌待客、热情服务、真诚守信、一丝不苟、尽职尽责、真诚守信、钻研业务、精益求精。

茶艺师要不断提高职业道德修养水平，践行行业职业道德规范，规范茶艺师的职业行为。

二、茶艺师的职业素养

（一）茶艺师应具备的专业知识与技能

作为一名合格的茶艺师首先要具备茶艺的专业知识与技能，具体来说，包括以下内容：茶文化基本知识、茶叶基本知识、茶具基本知识、品茗用水知识、茶艺馆装饰与环境的营造、茶艺准备、茶艺表演、科学饮茶、茶事服务、茶叶销售技能等。

（二）茶艺师应掌握的法律法规知识

1. 劳动者的权益

我国法律规定劳动者的权益包含：享有平等就业和选择就业的权利、取得劳动报酬的权利、休息休假的权利、获得劳动安全卫生保护的权利、接受职业技能培训、享受社会保险和福利的权利、提请劳动争议处理的权利，以及法律规定的其他劳动权利。劳动者应当完成劳动任务，提高职业技能，执行劳动安全卫生规程，遵守劳动纪律和职业道德。

2. 用人单位的权益

在我国《劳动法》的规定中，劳动者应当完成劳动任务，提高职业技能，执行劳动安全卫生规程，遵守劳动纪律和职业道德。其对劳动者最基本的素质要求是劳动者应当完成的劳动任务，对劳动者职业素质方面的要求是不断地从理论到实践，从实践到理论总结经验，提高职业技能，对劳动者安全卫生方面的素质要求是执行劳动安全卫生的规程。

3.《劳动法》相关知识

劳动合同依法订立即具有法律约束力，当事人必须履行劳动合同规定的义务。茶艺师根据劳动合同的规定，应当保守所在工作经营主体的商业秘密。茶艺师与经营主体发生劳动争议时，可以依法申请调解、仲裁、提起诉讼，也可以协商解决。劳动法对用人单位提出要求，应依法建立和完善规章制度，保障劳动者享有劳动权利和履行劳动义务。

用人单位应当建立职业培训制度，按照国家规定提取和使用职业培训经费，根据本单位实际，有计划地对劳动者进行职业培训。从事技术工种的劳动者，上岗前必须经过培训。茶艺师应遵守劳动法对劳动者的要求，应提高职业技能，执行劳动安全卫生规程，遵守劳动纪律和职业道德。茶艺师应按照劳动法要求，积极参加和进行科学研究、技术革新和发明创造。

4.《食品卫生法》相关知识

贮存、运输和装卸茶饮食品的容器包装、工具、设备和条件必须安全、无害，保持清洁，防止食品污染。容器包装污秽不洁、严重破损或者运输工具不洁造成污染的，不能稍微处理一下就生产。含有未经国务院卫生行政部门批准使用的添加剂的或者农药残留超过国家规定允许量的是禁止生产经营的食品。茶饮食品不得加入药物，但是按照传统既是食品又是药品的作为原料、调料或者营养剂还是可以的。

5.《公共场所卫生管理条例》相关知识

《公共场所卫生管理条例》适用于茶室等公共场所。公共场所的卫生标准和要求，由卫生部负责制定。《公共场所卫生管理条例实施细则》规定新参加工作的从业人员应取得卫生知识合格证后方可上岗工作，从业人员每两年复训一次。对经营多种的公共场所单位只能发放一个卫生许可证，并注明其兼营项目。对罚款、停业整顿及吊销卫生许可证的行政处罚不服的，在接到处罚通知之日起 15 日内，可以向当地人民法院起诉。

6. 劳动安全基本知识

《安全生产法》的目的是为了加强安全生产监督管理，防止和减少生产安全事故，保障人民群众生命和财产安全，促进经济发展。安全生产管理，坚持安全第一，预防为主的方针，茶艺馆从业人员应当接受安全生产教育和培训，掌握本职工作所需的安全生产知识，提高安全生产技能，增强预防事故和应急处理能力。

（三）茶艺师应具备接待服务与营销技能

1. 茶艺馆服务接待程序

在茶艺馆中，一般服务接待程序是迎宾、引座、点茶、奉茶、续水、结账、送客等程序。

2. 茶艺师接待准备的三个基本要求

茶艺师的接待准备工作是茶艺馆为宾客提供优质服务的前提，包括环境的准备、用具的准备、人员的准备三个方面。

3. 茶艺师接待用语的要求

茶艺师在运用礼貌用语时，应力求做到亲切自然。讲究亲切感，必须是诚心所致，不落俗套。在问候他人时，具体内容应当既简练又规范。

迎送用语：主要适用于服务人员在工作岗位上，迎接或送别服务对象。茶艺师要自觉地正确使用迎送用语，就必须熟悉常用的欢迎用语和送别用语。

标准式问候用语：直接向对方问候，例如，“你好!”“您好!”

时效式问候用语：是指在一定的时间范围之内才可使用的问候用语，例如，“早上好!”“中午好!”“下午好!”等。

送别用语：最常用的主要有“再见!”“慢走!”“走好!”“谢谢您的光临!”“欢迎下次再来!”“一路平安!”等。

4. 茶艺师的礼仪

茶艺师自我介绍的原则：茶艺师在现场服务作自我介绍时，通常只介绍自己的身份。在较正式的场合作自我介绍时，通常可以介绍自己所在的茶艺馆、部门及具体职务。

茶艺师与顾客行握手礼时的礼仪，忌戴手套和墨镜，不得轻易用左手与他人相握，通常不主动与初次相交的顾客行握手礼。

茶艺师推销业务时的礼仪：茶艺师在推销业务交往中递交名片，宜在自我介绍或对方有此要求时进行。正确递交名片，应以“由尊而卑”或“由近而远”为序。

结账礼仪：茶艺师为顾客上完最后一道茶后，应做结账准备。为顾客结账时，恰当的做法是用托盘将账单递给顾客。

5. 品茶环境的营造

为营造品茶氛围，品茶环境除追求环境整洁、雅致，还要注意光线的柔和、空气的流通。

营造品茶环境的方法：在日常营业中为营造品茶环境，达到环境整洁、雅致的效果，要求茶艺师认真整理茶艺馆内的挂画、插花、陈列品等装饰物，做好茶艺大厅、单间内外卫生清洁工作，还可通过点香、点缀绿色植物、播放音乐，营造优雅的氛围。

6. 茶艺馆迎宾内容

在茶馆的营业中，有专人在门口负责迎宾工作，根据来客的人数，引导宾客到适当的位置就座，向宾客介绍本茶馆提供的服务、价格，如免费项目、收费项目和收费价格，是否打折等。

茶艺师的主要职责：根据宾客的要求准备不同的茶叶及沏泡用具，按照不同的茶叶种类采用不同的方法为宾客沏茶，泡茶时要认真地按照所泡茶叶的沏泡方法和步骤进行沏泡，每天负责准备好充足的货品及用品。

7. 递送茶单的原则

宾客入座后，服务员将茶单双手交与宾客，并适时地为宾客介绍沏泡茶叶的种类和价格，由宾客自己选定。

8. 顾客疑难应对

茶艺师应热情接待顾客，对顾客在茶馆消费期间，遇到的疑难问题，服务员应主动设法帮助解决，不能解决时应及时向领班和主管报告，积极应对顾客疑难。

9. 茶艺师导购技巧

茶艺师在推销茶饮时，为了争取顾客，应做到眼勤、手勤、嘴勤、腿勤、脑勤、耳勤，观察顾客的反应，揣摩其心理活动，机动灵活，运用恰当的推介方式，以引起顾客的购买兴趣。茶艺师要把握推销时机，茶艺馆来客较多、茶价适宜时，顾客产生兴趣时，品茶环境温馨、干扰较少时，顾客长时间凝视某一商品时，顾客提出要求时属于最佳时机。

茶艺师可通过让顾客品尝，以强化其感官印象，要根据顾客的特点和季节情况进行推荐，多上一些茶品，同时根据茶叶的种类合理配置茶具和水，沏泡好茶，便于顾客比较选择，告诉顾客茶叶的实际用途和选用方法。

10. 茶艺服务中“拒绝”的技巧

茶艺师在茶艺服务过程中，遇到不能满足顾客需求时，要做到巧言引导，委婉拒绝，道明原委，互相理解，适时说“不”。

11. 茶叶销售包装注意事项

茶叶销售包装时，要注意做到选用避光、防潮、不透气的材料，包装环境整洁干燥，快速包装。

第二部分
茶艺师的专业素质

背景知识：茶的起源

中国是最早发现和利用茶树的国家，被称为“茶的祖国”。文字记载表明，我们祖先在3000多年前已经开始栽培和利用茶树。传说茶是“发乎于神农，闻于鲁周公，兴于唐而盛于宋”。然而，同任何物种的起源一样，茶的起源和存在，必然是在人类发现茶树和利用茶树之前，直到许久以后，才为人们发现和利用。人类的用茶经验，也是经过代代相传，从局部地区慢慢扩散开来，又相隔很久，才逐渐见诸文字记载。茶树的起源问题，历来争论较多，随着考证技术的发展和新发现，才逐渐达成共识，即中国是茶树的原产地，并确认中国西南地区，包括云南、贵州、四川是茶树原产地的中心。由于地质变迁及人为栽培，茶树开始由此普及全国，并逐渐传播至世界各地。①

茶艺师除了要具备一定的职业道德和文化修养外，还要具备语言表达能力、审美能力、敏锐的嗅觉和味觉能力，以及人际沟通等基本能力。茶艺是指泡茶与饮茶的技艺，因此，茶艺师的专业素养首先要认识茶树、学会辨析茶叶，包括茶叶的构造、种类、成分、价值功效等。

一、认识茶树

（一）中国的茶树栽培及传播

根据植物学研究，茶树所属的被子植物门，起源于距今约1亿年前的白垩纪，而其中的山茶目植物，约起源于6000万年以前。

在我国，茶最初是作为药用，后来发展成为饮料。东汉时期的《神农本草》中记述了“神农尝百草，日遇七十二毒，得荼而解之”的传说，其中“荼”即“茶”，这是我国最早发现和利用茶叶的记载。若按此记载推算，在中国，茶的利用已有五六千年的历史了。唐代陆羽（733—约804）以嗜茶著名，并对茶道有精深研究，被尊称为“茶圣”。他对唐代和唐代以前有关茶叶的科学知识和茶叶生产实践经验进行了系统的总结，编撰了世界上第一部茶业专著

① 参见刘永升《茶道》，大众文艺出版社2010年版，第3页。

《茶经》。当世人还不知种茶和饮茶时，我国发现和利用茶树却已有数千年的历史了。

由于我国茶叶生产和人们饮茶风尚的发展，对其他国家也产生了巨大的影响。唐顺宗永贞元年（805），日本最澄禅师从我国研究佛学回国，把带回的茶种种在近江。在宋代，日本荣西禅师来我国学习佛经，归国时不仅带回茶籽播种，并根据我国寺院的饮茶方法，制订了自己的饮茶仪式。他晚年著的《吃茶养生记》一书，被称为“日本第一部茶书”。书中称茶是“圣药”“万灵长寿剂”，这对推动日本社会饮茶风尚的发展起了重大作用。

宋、元期间，我国对外贸易的港口增加到八九处，这时的陶瓷和茶叶已成为我国的主要出口商品。尤其明代，政府采取积极的对外政策，曾七次派遣郑和下西洋，他游遍东南亚、阿拉伯半岛，直达非洲东岸，加强了与这些地区的经济联系与贸易，使茶叶输出量大量增加。

在此期间，西欧各国的商人先后东来，从这些地区转运中国茶叶，并在本国推广饮茶。明神宗万历三十五年（1607），荷兰海船自爪哇来我国澳门贩茶转运欧洲，这是我国茶叶直接销往欧洲的最早纪录。以后，茶叶成为荷兰人最时髦的饮料。由于荷兰人的宣传与影响，饮茶之风迅速波及英、法等国。

清朝之后，饮茶之风逐渐波及欧洲一些国家，当茶叶最初传到欧洲时，价格昂贵，荷兰人和英国人都将其视为“贡品”和奢侈品。后来，随着茶叶输入量的不断增加，价格逐渐降下来，成为民间的日常饮料。此后，英国人成为世界上最大的茶客。

印度是红碎茶生产和出口最多的国家，其茶种源于中国。印度虽也有野生茶树，但是印度人不知种茶和饮茶，到了 1780 年，英国人和荷兰人才开始从中国输入茶籽在印度种茶。

（二）茶树的形态

一株完整的茶树，由地上和地下两部分组成。地上部分裸露于空间，由茎、芽、叶、花、果组成；地下部分深入在土中，由色泽、粗细、长短不同的茶根组成，又称“根系”。联结地上部与地下部的交界处，称为“根茎”。但不管哪种器官，都是茶树不可分割的一部分，它们之间，既有各自的形态和功能，又互相联系，相互作用。

1. 茶之根

茶树根系由主根、侧根和须根组成。主根、侧根分别呈棕灰色和棕红色，寿命长，起固定茶树的作用，并将须根从土壤中吸收的水分和矿质营养输送到地上部；同时，还能贮藏地上部合成的有机养分，以供生长需要。须根，又称“吸收根”，呈嫩白色，用来吸取土壤中的水分和矿质营养，也能合成部分有机物质。

茶树根系的形态分布主要与树龄相关，幼年期茶树，主根生长迅速，根系主要向土壤深层发展，根长往往大于根幅；茶树成年以后，主根生长受阻，促使侧根生长和分支，使茶树根系由直根系逐渐向分枝根系发展，在栽培条件下的茶树根幅一般可达 120 厘米左右，根深在 60 至 80 厘米。茶树进入衰老期后，根系又开始由外围向中心部位衰亡，特别是须根，相对集中于土壤表层。此外，根系的形态分布还与繁殖方式、土壤条件、品种特性等有关。

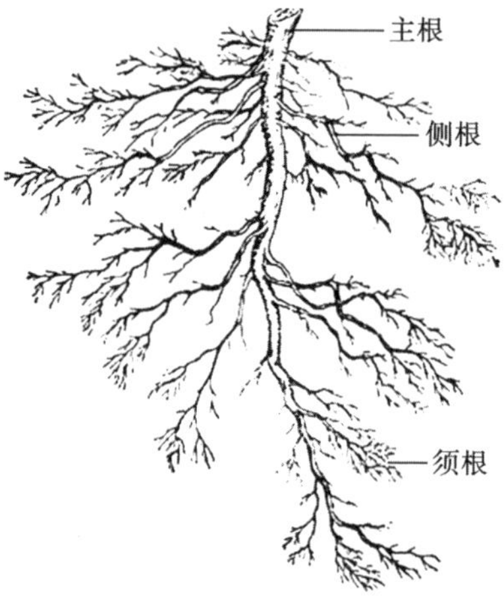

图 2-1　茶树根系形态示意图

2. 茶之茎

茶树的茎由树干和众多的枝条组成，其主要功能是将根部吸收来的水分和矿质养分送到芽叶；同时，将叶片中光合作用合成的有机物质输送到根部，起贮藏作用。

茶树按茎部分枝习性的不同，可分为乔木型、小乔木型和灌木型三种。乔木型茶树植株高大，主干明显，分枝从主干上部抽生，多为野生。小乔木型茶树，植株高大，虽有较为明显的主干，但分枝部位离地面不高，多分布在热带茶区。灌木型茶树，植株比较矮小，没有明显主干，骨干枝大部分从靠近地面根茎部长出来，呈丛生状态。

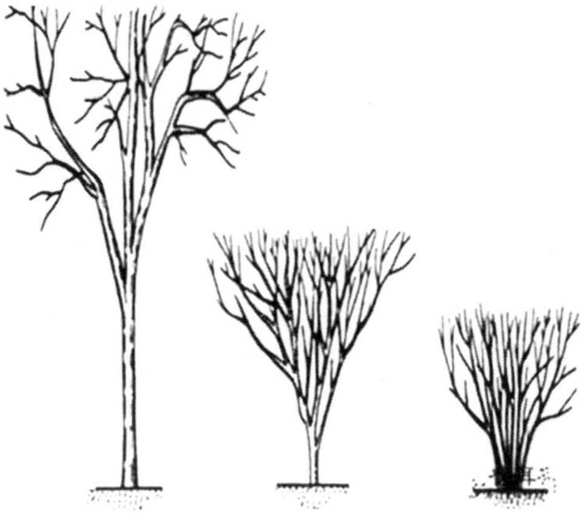

图 2-2　茶树的种类

3. 茶之芽

茶树的芽是枝、叶、花的原生体。位于枝条顶端的称“顶芽”，位于枝条叶腋间的称“腋芽”。顶芽和腋芽生长而成的新梢，是人们用来加工的原料，是最有利用价值的部位。此外，还有生长在茶树树干基部的不定芽，又称“潜伏芽”，通常处于休眠状态。一旦地上部经人为砍去，或老枝回枯，潜伏芽就能萌发生长成新枝，以延续生命周期。

4. 茶之叶

叶是茶树重要的营养器官。茶树生长发育所需要的有机物质和能量，靠叶片进行光合作用合成；同时，它又是茶树进行蒸腾作用和呼吸作用的主要场所；另外，它也是人们采收的主要对象。茶树叶片互生，边缘有锯齿，末端有短柄，面上有叶脉。茶树的叶脉多为 8 至 12 对，沿主脉分出支脉，脉至叶缘

2/3 处向上弯曲，呈弧形与上方支脉相连，这是茶树的特征之一，也是茶树叶片与其他植物叶片的重要区别。

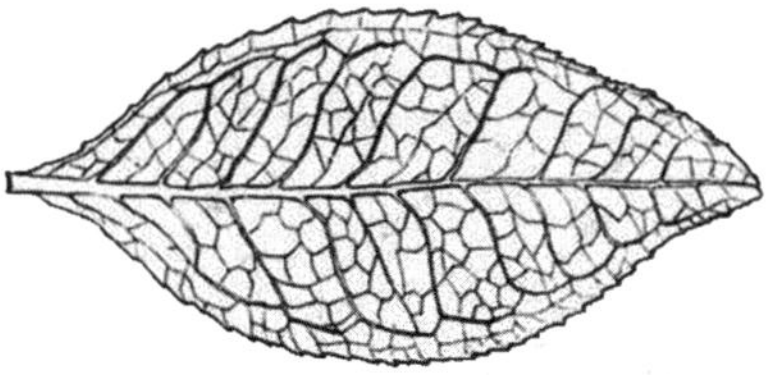

图 2-3　茶树叶片上叶脉的分布

嫩叶片上的茸毛是茶树叶片形态的又一特征。至于叶片上茸毛的多少，与茶树品种、生长季节和生态环境有关，但它的着生状态为其他植物叶片所罕见。位于主脉处生长的茸毛，其基部较长，弯曲度小，而位于叶脉间生长的茸毛，基部较短，弯曲度较大，多呈 45 至 75 度角，也有呈 90 度角的。

5. 茶之花

茶树大多数在 10 至 11 月开花。茶树的花为两性花，开花较多，大多呈白色，少数也有淡黄或粉红色的。花的大小不一，大的直径 5.0 至 5.5 厘米，小的直径 2.0 至 2.5 厘米。

图 2-4　茶树的花

6. 茶之果

茶树的果为蒴果，大多为 3 至 4 室，也有 1 至 2 室的。每室 1 至 2 粒种子，每室 1 粒的呈球形，2 粒的呈半球形。茶树种子成熟后，果皮裂开，种子脱落。种子呈黑褐色，少有光泽，富弹性，内部子叶饱满，这是种子生命力强的标志。

图 2-5　茶树果子

（三）茶树的生长发育特性

茶树为多年生、一年多次收获的常绿作物，在它的一生中，既有总的生长发育周期，也有年复一年的年生长发育周期。只是年生长发育周期受总生长发育周期的制约，并按总生长发育周期的规律而发展。

1. 茶树的生长周期

在自然状态下，茶树能活 100 年以上，但作为人工栽培的有效年龄，一般只有五六十年，甚至更短些。不论用哪种繁殖方式，作为一株完整的茶树来说，它的生长发育，大致可分为幼年期、成年期和衰老期三个阶段。

幼年期：是从种子播种后茶苗出土，或扦插成活开始到茶树基本定型投产为止。在人工栽培的条件下，大致需要经历 4 至 5 年的时间。

成年期：是从树体基本定型投产到茶树第一次出现自然更新为止，一般在栽培条件下，成年期可达 20 至 25 年。这一时期的茶树，生长发育旺盛，营养生长和生殖生长都达到盛期，树体相对稳定，茶叶和种子的产量，乃至品质都达最高峰，是茶树一生中最有经济价值的时期。

衰老期：是从茶树出现第一次自然更新到茶树最后衰老死亡为止，它是茶树生命活动延续时间最长的一个时期。这一时期的生长发育特点是茶树树冠枝条逐年开始减少，出现少数枯枝现象，育芽能力渐趋衰退，根茎部有少量更新枝出现，以替代衰老枝。地下部的吸收根开始减少，继而出现少数侧根死亡。茶叶的产量和品质也开始逐年下降。为延续生命，开花仍较多，但结实率很低。对这类茶树，可采用人工复壮，以延缓衰亡。

茶树除了一生的规律性变化外，每年随着气候条件的变化，还会进行周而复始的生命活动变化，特别表现在根系活动、新梢生长和开花结实等三个方面。

图 2-6　扦插成活后的幼年茶树

2. 茶树的根系活动

茶树根系在一年中的生长情况是不一样的，而且与地上部新梢的生长是交错进行的。春季随着气温的升高，茶树依靠上年积累的养分，在每年 3 月初到 4 月上旬有一次发根高峰。4 月中旬至 5 月底，新梢进入旺盛生长，根系生长比较缓慢。6 月底到 7 月初，地上部新梢生长减弱，根部养分积累增加，根系生长又有所增强。8 月初到 9 月初，随着秋梢的生长，根系生长又有所减弱。10 月中旬到 11 月底，茶树地上部开始停止生长，地下部养水积累增多，出现了根系生长的旺期。12 月底到次年 2 月底，由于天气严寒，地上部停止生长，地下部的生长也很微弱。

一般说来，当日平均气温达到 10 ℃以上连续 5 至 7 天后，茶芽就开始萌动生长。其顺序依次为：芽体膨胀→鳞片开展→鱼（奶）叶开展→真叶开展……→驻芽形成，暂停生长。

在中国多数种茶地区，茶树新梢如不加采摘，新梢上的驻芽经过短期休止后，又续生长。这样能重复 2 至 3 次。

茶树若在采摘条件下，那么，在留下的小桩顶部的第 1 至 2 个叶腋间的茶芽，又可各自生长萌发成新梢。如此，每年可生长 4 至 5 次。

3. 花果发育

在中国种茶地区，多数茶树花芽是每年 5 至 6 月间春梢叶腋间陆续分化而成的。花芽经花蕾形成，大约在 10 至 11 月间为开花盛期，然后经过授精发育，直到次年霜降前后，果实方才成熟。这样，从花芽分化到种子成熟，为时一年零三四个月，所以，在一个年周期里，每年 5 至 11 月间，人们可以在同一株茶树上，既能看到当年的花和蕾，又能见到上年的果实和种子，这就是茶树“带子怀胎”现象，是茶树的重要特征之一。

4. 茶叶的采摘

茶树的新梢生长到可以采收的标准时，即可及时采取，它是茶树的收获过程，采下的芽叶为制茶的原料。茶树通过适当的采摘，可以不断消除新梢顶端的生长优势，促进侧芽萌发，形成更多的新梢，延长茶树的经济生产期，增加产量，而且能提高成茶品质。茶叶萌芽分为早生、中生、晚生三大类。视各地气候环境，早生种平均在 2 月下旬萌芽，3 月下旬开始采摘；中、晚生种则各依次延迟约十几日。

中国大部分茶区，对茶树合理采摘是按“标准、及时、分批、留叶采”的规则来进行的。不同茶类对原料茶叶要求有不同的采摘标准，要根据生产实际和市场需求来制定。

目前我国大宗红茶、绿茶的采摘标准，是质量、数量兼顾，以收益最高为依据，一般采一芽二叶、一芽三叶和柔嫩的对夹叶。

乌龙茶的采摘标准，须等新梢生长近成熟，叶片开度达八九成时，采下带驻芽的二三片嫩叶。

名贵茶类的采摘标准，要求原料细嫩匀净，只采初萌的壮芽或初展的一芽一二叶。

边销茶对原料嫩度要求较低，主要采用粗大的叶片，一芽四五叶或对夹三四叶均可。

茶叶产量的高低，品质的优劣，在一定程度上是由采摘决定的。所以，合理、科学地采摘是茶叶生产的重要环节。

采摘分人工采摘和机器采摘两种。人工采量比机械少，成本却高，价格也较昂贵。然而，人工采茶选择性较大，叶片也较完整。机械采摘茶叶成本较低，但是茶叶无选择性，茶梗、老叶、嫩叶混合在一起。由于成本的不同，售价也不同。人工采茶用手折还是用小刀切，制作出来的茶的品质是有些差异的。大量制作茶叶时，采用机械采摘能保证茶叶的质量。

5. 茶树繁殖

茶树繁殖分为有性繁殖与无性繁殖两种方法，有性繁殖是利用茶籽进行播种，也叫种子繁殖。无性繁殖亦称营养繁殖，是利用茶树的根、茎等营养器官，在人工创造的适当条件下，使之形成一株新的茶苗，如扦插、压条。

茶树有性繁殖的方法有两种，即苗圃育苗和茶园直播。苗圃育苗便于苗期管理和培育出优良的苗木，茶园直播就是将经催芽处理后的茶籽，采用条式穴播的方法直接播种在新辟茶园内。

茶树无性繁殖一般采用扦插繁殖的方法，苗木能保持母树的特征和特性，苗木的性状比较一致，有利于茶园管理，有利于扩大良种的数量。

6. 鲜叶的装运、验收与存放

鲜叶自茶树上采下后，内部即开始发生理化变化。为了使鲜叶保持新鲜，不致引起劣变，必须合理而及时地将鲜叶按级分别盛装，运送到茶叶加工厂。在装运时，鲜叶不能装压过紧，以免叶温升高劣变，因此不能用不通风的布袋或塑料袋盛装，要用竹篾编制的有小孔通气的竹箩盛装，将鲜叶松散地装入箩内，不能紧压。同时装运工具要保持清洁，不能有异味，并应尽量缩短运送时间，做到采下鲜叶随装随运。鲜叶运送到茶叶加工厂后，要及时验收，分级摊放。摊放鲜叶的场所，应阴凉、清洁、空气流通。鲜叶摊放的厚度，春茶以15至20厘米，夏秋茶以10至15厘米为宜，并随时检查叶温，适当进行翻拌。翻拌时动作要轻，以免鲜叶受伤变红。

茶百科

世界上最大的野生茶树

我国是茶树的原产地，也是世界上最早发现野生大茶树的国家，而且树体最大，数量最多，分布最广。近几十年来，在我国西南地区更不断地发现古老的野生大茶树。20 世纪 70 年代中期，云南思茅镇沅千家寨一带发现有大片古树茶。1991 年春，在千家寨上坝发现 2700 年野生古茶树王，是迄今为止已发现的世界最大的野生茶树群落和最古老的野生茶树王。①

二、茶叶辨识

背景知识：制茶工艺的萌芽

茶之为用，最早从咀嚼茶树的鲜叶开始，发展到生煮羹饮。生煮者，类似现代的煮菜汤。如云南基诺族至今仍有吃“凉拌茶”习俗，鲜叶揉碎放碗中，加入少许黄果叶、大蒜、辣椒和盐等作配料，再加入泉水拌匀；茶作羹饮，有《晋书》记载：“吴人采茶煮之，曰茗粥。”甚至到了唐代，仍有吃茗粥的习惯。三国时，魏朝已出现了茶叶的简单加工，采来的叶子先做成饼，晒干或烘干，这是制茶工艺的萌芽。

我们的祖先从咀嚼茶树的鲜叶开始，到唐代发展到生煮羹饮，再到三国时期晒干收藏，形成了制茶工艺的萌芽，唐代蒸青作饼已经逐渐完善。北宋年间，做成团片状的龙凤团茶盛行，同时产生散茶，由宋至元，饼茶、龙凤团茶和散茶同时并存，到了明代，由于明太祖朱元璋于 1391 年下诏，废龙团兴散茶。使得蒸青散茶大为盛行。到了清代，制茶工艺日趋完善，最终形成了绿茶、黄茶、黑茶、白茶、红茶、青茶六大茶类。

---

① 参见王渝生《农业史话》，上海科学技术文献出版社 2019 年版，第 185 页。

辨识茶叶、掌握茶叶的种类与特征、熟悉茶叶的制作工艺、知悉茶叶的基本成分和茶叶的价值功效是茶艺师最基本的专业素养。

（一）茶叶的分类

中国制茶历史悠久，自发现野生茶树，从生煮羹饮，到饼茶散茶，从绿茶到多茶类，从手工操作到机械化制茶，其间经历了复杂的变革。各种茶类的品质特征形成，除了茶树品种和鲜叶原料的影响外，加工条件和制造方法是重要的决定因素。

1. 绿茶类

绿茶是不发酵茶，是历史最早的茶类。古代人类采集野生茶树芽叶晒干收藏，距今至少有 3000 多年。真正意义上的绿茶加工，是从 8 世纪发明蒸青制法开始。新鲜茶叶经杀青、揉捻、干燥等工序而制成。绿茶由于较多地保留了鲜叶内的天然物质，从而形成了“清汤绿叶，滋味收敛性强”的特点。由于加工方法不同，绿茶又可分为以下四种。

第一种为炒青：由于在干燥过程中受到机械或手工操作的不同，成茶形成了长条形、圆珠形、扇平形、针形、螺形等不同的形状，故又分为长炒青、圆炒青、扁炒青等，如龙井茶、碧螺春等。

图 2-7　炒青干茶：西湖龙井、碧螺春、信阳毛尖

第二种为烘青：是用烘笼进行烘干的。烘青毛茶经再加工精制后大部分作熏制花茶的茶坯，香气一般不及炒青高，少数烘青名茶品质特优。以其外形亦可分为条形茶、尖形茶、片形茶、针形茶等，如黄山毛峰、太平猴魁、六安瓜

片等。

图 2-8　烘青干茶：黄山毛峰、太平猴魁、六安瓜片

第三种为晒青：是用日光进行晒干的。如浙烘青、滇烘青、徽烘青，晒青绿茶以云南大叶种的品质最好，称为“滇青”。

图 2-9　晒青干茶：滇青

第四种为蒸青：以蒸汽杀青是我国古代的杀青方法。唐朝时传至日本，相沿至今。蒸青是利用蒸汽量来破坏鲜叶中酶活性，形成干茶，色泽深绿，茶汤浅绿和茶底青绿的“三绿”的品质特征，产于湖北、浙江、安徽、江西等省，如玉露、煎茶等。但香气较闷带青气，涩味也较重，不及锅炒杀青绿茶那样鲜

爽。主要品种有恩施玉露、中国煎茶。

图 2-10　蒸青干茶：恩施玉露

2. 红茶类

红茶是全发酵茶类，鲜叶经过萎凋、揉捻、发酵、烘干等工艺过程，茶汤和叶底都呈红色，根据其制作方法的不同，又可分为以下三种。

第一种为工夫红茶：工夫红茶是我国传统的出口茶类，加工精细，成品分为正茶与副茶。正茶以产地命名，分列级别，如祁红工夫、闽红工夫、滇红工夫、川红工夫、越红工夫等。副茶包括碎茶、片茶和末茶。

图 2-11　工夫红茶：滇红、祁红

第二种为小种红茶：小种红茶是福建省的特产，叶形较工夫红茶粗大、松散，具有特殊的松烟香，产于福建武夷山市星村乡桐木关的称“正山小种”。福建其他地区将粗大的工夫红茶，用松木烟熏，称“烟小种”。

图 2-12　小种红茶

第三种为红碎茶：红碎茶是国际规格的商品茶，鲜叶经过萎调后，用机器揉切成颗粒形碎茶，然后经发酵、烘干而制成。精制加工后，又可分为叶茶、碎茶、片茶和末茶等。我国于 1956 年开始试制红碎茶，其特点是冲泡时茶汁浸出快，浸出量大，滋味浓强，主产于四川、云南、广东、广西、海南、湖南等省。

图 2-13　红碎茶

3. 青茶类

青茶又称乌龙茶，系半发酵茶类，加工工艺流程为晒青、晾青、摇青、杀青、揉捻、干燥。青茶的品质特点既具有绿茶的清香和花香，又具有红茶醇厚的滋味，外形条索粗壮，色泽青灰有光，内质汤色清澈金黄，滋味浓醇鲜爽，叶底呈绿叶红镶边，是我国的特产，产于福建、广东、台湾三省。青茶的种类，因茶树品种的不同而形成各自独特的风味，产地不同，品质差异也十分显著，青茶主要分为以下四种。

第一种为闽北武夷岩茶：它是福建武夷山的特产，因其茶树生长在岩上的土壤中，故名岩茶。特种岩茶有水仙、肉桂、大红袍、铁罗汉等。

图 2-14　武夷岩茶

第二种为闽南青茶：这类茶的产地以福建安溪为中心，以茶树品种命名，如铁观音、毛蟹、黄金桂、本山等。

图 2-15　铁观音

第三种为广东青茶：这类茶的产地以广东饶平、丰顺为中心，品种有水仙、凤凰单枞等。

图 2-16　凤凰单枞

第四种为台湾青茶：这类茶的产区分布在台湾台北、新竹、南投等县，品种有白毫乌龙、文山包种等。

图 2-17　白毫乌龙

4. 黄茶类

黄茶属轻发酵茶类，基本工艺流程近似绿茶，在制作过程中加以闷黄，因此，具有黄汤黄叶的品质特点。黄茶由于鲜叶和制法的不同，品质差异较大。鲜叶细嫩的，如君山银针、温州黄汤、霍山黄芽、皖西黄小茶。鲜叶粗老、大枝大叶的，如黄大茶、广东大叶青等。

图 2-18　蒙顶黄芽

5. 白茶类

白茶是福建特产，成茶外表披满白色茸毛，呈白色隐绿，故名白茶。制作时，只经萎凋和晾干或烘干两个过程，以保持茶叶的原形，品种有白毫银针、白牡丹、贡眉、寿眉等。白茶性清凉，退热降火，有治病效果。

图 2-19　白茶：白毫银针、白牡丹、寿眉

6. 黑茶类

黑茶是我国边疆藏族、蒙古族和维吾尔族等兄弟民族日常生活必不可少的物品。黑茶制作时经过杀青、揉捻、渥堆、干燥的过程，成茶外形油黑，汤色橙黄，叶底黄褐，主要用作紧压茶的原料，如安化黑茶、四川边茶、云南普洱茶、广西六堡茶等。

图 2-20　普洱：熟普洱散茶、生普洱散茶

（二）再加工茶类

以基本茶类原料经再加工而成的产品称为“再加工茶”。它包括花茶、紧压茶、萃取茶、果味茶和药用保健茶等，分别具有不同的品味和功效。

1. 花茶

花茶主要是用绿茶中的烘青绿茶和香花窨制而成，主产于福建福州、浙江金华、安徽歙县、四川成都、江苏苏州、广西横县等地。品种有茉莉花茶、玉兰花茶、珠兰花茶、玳玳花茶、玫瑰花茶、柚子花茶等。

图 2-21 茉莉花茶

2. 紧压茶

紧压茶是以制成的红茶、绿茶、黑茶的毛茶为原料，经过再加工，蒸压成型而制成。我国目前生产的紧压茶主要有沱茶、普洱茶、米砖茶、六堡茶、青砖茶等。

图 2-22 紧压茶：砖茶、沱茶、花卷茶

3. 速溶茶

速溶茶以茶叶为原料，用沸水提取茶叶中的可溶成分，经过滤去除茶渣，获得茶汁而制成。

图 2-23　速溶茶

4. 罐装茶

罐装茶是将茶汤加一定量的抗氧化剂后，装罐或装瓶，密封杀菌而制成，即开即饮，饮用方便。

5. 药用保健茶

药用保健茶是用茶叶和某些中草药拼合后制成各种茶，使本来就具有营养保健作用的茶叶，更加强了它的某些防病、治病功效。

6. 造型工艺茶

为增加茶的文化附加值，全国各产茶区特别是湖南、云南、福建、安徽、江西等省研制开发了许多造型工艺茶，使千姿百态的中国茶更加灿烂夺目，大大丰富了茶叶市场，深受广大爱茶人的青睐。

（三）名优茶

名优茶是指有一定知名度的优质茶，如龙井茶是在中外消费者中享有盛誉的一种名优茶。但并非所有龙井茶都属于名优茶，而是高档的龙井茶才能称为名优茶。名优茶通常具有独特的外形、优异的色、香、味品质。名优茶与一般产品不同，它是茶叶中的珍品，是由优越的自然环境条件、茶树品种、精细选料和严格的加工技术综合作用而成的。名优茶通常都产自名山名水，良好的自然生态环境是生产名优茶的必备条件，独特的生态条件又使名优茶各具特色。名山名水也有利于名茶的传播，名茶产地必有良好的光照、适宜的温度、充足的水分，以及肥沃的土壤，这些条件都有利于茶叶内含物的形成。优良茶树品种是生产名优茶的先决条件，各种名优茶对茶树品种都有相应的要求。严格而精细的采制工艺，是生产名优茶的决定条件。

名优茶命名，最早是以产地之名为名，例如，宋朝名茶绍兴日注，前者是县名，后者是山名；洪洲双井，前者是洲名，后者是水名。后来发展为产地联系品质，例如，顾渚紫笋、黄山毛峰、君山银针，前者是山名，后者是形容茶的色泽与外形；舒城兰花、武夷肉桂，则是地名加茶的香型。庐山云雾，反映的是产地的生态条件。也有以类别和命名联系起来的，如工夫红茶，前者是命名，后者是茶类；白毫银针，前者是分类，后者是命名。名优茶的名称都很文雅，通常都带有描述性。洞庭碧螺春、信阳毛尖、六安瓜片等名优茶，闻其名就能知其产地，明其外形，很容易了解其独特的品质。

1. 西湖龙井茶

西湖龙井茶是我国第一名茶，素享“色绿、香郁、味醇、形美”四绝之美誉。它集中产于杭州西湖山区的狮峰山、梅家坞、虎跑、灵隐等地。这里森林茂密，翠竹婆娑，气候温和，雨量充沛，沙质土壤深厚，适宜茶树生长。西湖龙井分“狮、梅、龙”三类，每类中依品质高低有特级、上级、1 至 6 级。3 级以上外形应有锋苗，无阔条。1 级以上外形应挺直尖削、叶底细嫩、多芽或显芽。特级西湖龙井外形应扁平光滑，叶底幼嫩成朵。“狮峰龙井”香气高锐而持久，滋味鲜醇，色泽略黄，素称“糙米色”。

龙井茶采制技术相当考究，有三大特点：一是早，二是嫩，三是勤。清明前采制的龙井茶品质最佳，称“明前茶”。谷雨前采制的品质尚好，称“雨前茶”。采摘龙井茶十分强调细嫩和完整，必须是一芽一叶，芽叶全长约 1.5 厘米。通常制造 1 千克特级西湖龙井茶，需要采摘七八万个细嫩芽叶，经过挑选后，放入温度在 80℃至 100℃光滑的特制锅中翻炒，通过“抓、抖、搭、捺、甩、堆、扣、压、磨”等程序炒制出色泽翠绿、外形扁平光滑、形如“碗钉”、汤色碧绿、滋味甘醇鲜爽的高品质西湖龙井茶。

图 2-24　西湖龙井

品尝高级龙井茶时，多用无色透明的玻璃杯，用 85℃左右的开水进行冲泡，冲泡后叶芽形如一旗一枪，簇立杯中，交错相映，芽叶直立，往下沉浮，栩栩如生，宛如青兰初绽，翠竹色艳。品饮欣赏，齿颊留芳，沁人肺腑，非下功夫不能领略其香。

茶典故

龙井茶的传说

据传，乾隆皇帝下江南时，来到杭州龙井狮峰山下，看乡女采茶，以示体察民情。这天，乾隆皇帝看见几个乡女正在 10 多棵绿茵茵的茶蓬前采茶，心中一乐，也学着采了起来。刚采了一把，忽然太监来报："太后有病，请皇上急速回京。"乾隆皇帝一听太后娘娘有病，随手将一把茶叶放在袋内，日夜兼程赶回京城。其实太后只因山珍海味吃多了，一时肝火上升，双眼红肿，胃里不适，并没有大病。此时见皇儿到来，只觉一股清香传来，便问带来什么好东西。皇帝也觉得奇怪，哪来的清香呢？他随手一摸，啊，原来是杭州狮峰山的一把茶叶，几天过后已经干了，浓郁的香气就是它散出来的。太后便想尝尝茶叶的味道，宫女将茶泡好，茶送到太后面前，果然清香扑鼻，太后大喝了一口，双眼顿时舒适多了，喝完了茶，红肿消了，胃不胀了。太后高兴地说："杭州龙井的茶叶，真是灵丹妙药。"乾隆皇帝见太后这么高兴，立刻传令下去，将杭州龙井狮峰山下胡公庙前那18棵茶树封为"御茶"，每年采摘新茶，专门进贡太后。至今，这些"御茶"树仍生机盎然，茂密挺拔，供游人观赏。① 在1985年，"狮特龙井茶"获国家优质产品金质奖。"梅坞龙井"外形挺秀，扁平光滑，色泽翠绿。1986年5月，"西湖龙井"被国家商业部评为全国名茶。

2. 黄山毛峰

黄山毛峰属名优绿茶，产于安徽歙县黄山。黄山产茶历史悠久，黄山茶在明朝中叶就很有名了。黄山毛峰的品质特征为：外形芽叶肥壮，多毫有锋，形似雀舌，色泽油润微黄如象牙；香气馥郁似兰花香，滋味鲜醇甘甜，汤色淡黄明亮，叶底黄绿、肥嫩、匀亮。

图2-25　黄山毛峰

① 刘艳双、丁秀姝：《休闲文化欣赏》，北京理工大学出版社2016年版，第157页。

黄山毛峰分特级、1至3级。特级黄山毛峰又分上、中、下三等，1至3级各分两等。特级黄山毛峰堪称我国毛峰之极品，其形似雀舌，匀齐壮实，峰显毫露，色如象牙，鱼叶金黄；内质清香高长，汤色清澈，滋味鲜浓、醇厚、甘甜；叶底嫩黄，肥壮成朵。其中“黄片”和“象牙色”是特级黄山毛峰，外形与其他毛峰相比有明显特征。用黄山泉水冲泡黄山茶，茶汤经过一夜，第二天茶碗也不会留下茶痕。

茶典故

黄山毛峰的创制

黄山毛峰是清代光绪年间谢裕泰茶庄所创制。该茶庄创始人谢正安（字静和），安徽歙县人，以茶为业，不仅经营茶庄，而且精通茶叶采制技术。在他的经营下，黄山毛峰日渐盛名。1875年后，为迎合市场需求，每年清明时节，在黄山汤口、充川等地，登高山名园，采肥嫩芽尖，精心焙炒，标名“黄山毛峰”，远销东北、华北一带。

3. 碧螺春

碧螺春产于江苏省苏州太湖的洞庭东、西两山。洞庭碧螺春产区是我国著名的茶、果间作区，茶树、果树枝丫相连，根脉相通，茶吸果香，花窨茶味，陶冶着碧螺春花香果味的天然品质。洞庭碧螺春是出口上乘名茶。碧螺春的品质特征为：外形芽叶幼嫩翠绿，满披茸毛，条形纤细卷曲似螺；香气鲜雅芬芳，滋味鲜嫩回甘，汤色碧绿鲜明，叶底嫩绿匀齐。洞庭碧螺春是我国名茶的珍品，以“形美、色艳、香浓、味醇”四绝闻名中外。

碧螺春茶冲泡时，采用上投法，即先在杯中倒放开水，再放入茶叶，用70℃至80℃开水冲泡。当披毫青翠的碧螺春一投入水中，白色霜毫立即溶失，随后茶叶纷纷下沉，并由曲而伸展，全杯汤色似碧玉，闻之清香扑鼻。饮之舌根含香，回味无穷，顿使人神清气爽。

图 2-26　碧螺春

茶典故

碧　螺　春

碧螺春自古就是茶中珍品，传说已有 1300 多年的采制历史。据清王应奎撰《柳南续笔》记载，“洞庭东山有了碧螺峰石壁，产几株野茶，每年这里的老百姓把它采来饮用。一次，因其叶多，筐不胜贮，因置怀间，茶得热气，异香忽发，采茶者惊呼“吓煞人香”。茶农中有个叫朱元正的人，特别精通炒制方法。有一年，清康熙皇帝南巡到太湖，巡抚进献“吓煞人香”茶，康熙皇帝觉得这个茶很好喝，但是名字不雅，遂改名“碧螺春”。从此，碧螺春被列为朝廷贡品。也有人认为，碧螺春是因形状卷曲如螺，色泽碧绿，采于早春而得名。①

4. 太平猴魁

太平猴魁产于安徽省太平、泾县等地。位于我国著名风景区黄山的北麓，

① 农牧渔业部农业局：《中国农业名产茶叶分册》，农业出版社 1985 年版，第 74 页。

太平县新明乡三合村猴坑、猴岗、颜村等地。茶园大多坐落在海拔 500 至 700 米以上的山岭上，主要分布在凤凰尖、狮形山和鸡公尖一带，由于这里三峰鼎足，崇山峻岭，林壑幽深，地势险要，故传有猴子采茶之说。这里低温多湿，土质肥沃深厚。山上，常年云雾缭绕。

太平猴魁的品质特征为：外形挺直两头尖，条素扁平有锋苗，俗称“两刀夹一枪”（两叶包芽，芽藏而不露）芽壮毫多；香气高浓带兰花香，味厚而鲜醇，汤色清澈，叶底黄嫩，顶芽露白。入杯冲泡，芽叶成朵，不沉不浮，悬在明澈嫩绿的茶汁之中。猴魁茶汁清绿明亮，滋味鲜醇回甜。1915 年，在巴拿马万国博览会上获一等金质奖章和奖状。

图 2-27　太平猴魁

猴魁的采制时间一般是在谷雨到立夏间，采摘时间较短，只有 15 至 20 天。采摘标准为茶叶长出一芽三叶初展。采摘时要做到“四拣”：拣山、拣棵、拣枝和拣尖。分批采摘，精细挑选，取其枝头嫩芽，弃其大叶，严格剔除虫蛀叶，保证鲜叶原料全部达到一芽二叶的标准，大小一致，均匀美观。制作时工艺精巧，杀青是用手炒锅，炭火烘烤，火温在 100℃以上；每杀青一次，仅投鲜叶 100 至 150 克在锅内连炒三五分钟，制作的全过程达四五个小时。猴魁为极品茶，依其品质高低又有 1 至 3 等或称上、中、下魁。

5. 六安瓜片

六安瓜片是我国传统名茶之一，因主要产地在安徽六安而得名，最早源于金寨的齐云山，故又名“齐云瓜片”。六安瓜片的采制技术与其他名茶不同，采摘标准以对夹叶和一芽二、三叶为主。鲜叶采回后及时扳片，将嫩叶、老叶分离出来炒制瓜片，芽、茎梗等作副产品处理。六安瓜片历史悠久，在唐代被称为“庐州六安茶”，在明代被称为“六安瓜片”，明代科学家徐光启在其著的《农政全书》中称“六安州之瓜片，为茶之极品。”到了清朝，六安瓜片就成为朝廷贡茶。茶叶称为“瓜片”，是因其叶状好像颇大的瓜子。色泽翠绿、香气清高、味道甘鲜的六安瓜片，历来被人们当作礼茶，用来款待贵客嘉宾。

六安瓜片的品质特征为：外形片状，叶缘微翘，形似瓜子，色泽杏绿润亮；香气芬芳，滋味鲜浓，回味甘美，颇耐冲泡，汤色清绿泛黄，叶底黄绿明亮。六安瓜片的产地以金寨的齐云瓜片为最佳，齐云山蝙蝠洞所产的茶叶品质为最优，用开水沏后，雾气蒸腾，清香四溢，称之为“齐山云雾”。

图 2-28 六安瓜片

六安瓜片采摘标准以对夹二三叶和一芽二三叶为主，经生锅、熟锅、毛火、小火、老火五道工序制成形似瓜子形的单片，自然平展，叶缘微翘，大小均匀，不含芽尖、芽梗，色泽绿中带霜（宝绿）。六安瓜片中的各种齐山瓜片分为1至3级。

6. 信阳毛尖

信阳毛尖产于河南省信阳地区。信阳产茶已有2000多年历史，茶园主要分布在车云山、集云山等群山的峡谷之间。这里地势高峻，群峦叠翠，溪流纵横，云遮雾绕，为制作独特风格的茶叶提供了天然条件。

信阳毛尖的品质特征为：外形条索细、紧、直，色泽翠绿油润，白毫显露；汤色鲜绿明净，叶底嫩绿匀整，香气鲜浓，并有熟栗子香；滋味浓厚，回味转甘，品质独特。

信阳毛尖一般自4月中、下旬开采，以一芽二叶初展或一芽一叶为特级和1级毛尖；一芽二叶制二三级毛尖，采一芽三叶及对夹叶制四五级毛尖。采摘好的鲜叶经适当摊放后进行炒制，先生炒，经杀青、揉捻，再熟干，使茶叶达到外形细、圆、直、多白毫；内质清香，汤绿叶浓，叶底嫩绿匀整。

图2-29　信阳毛尖

信阳毛尖曾荣获1915年万国博览会名茶优质奖。1959年，被列为我国十大名茶之一，1982 年，被评为国家商业部优质产品远销日本、德国、美国、新加坡、马来西亚等 10 余个国家。

7. 君山银针

君山银针属黄茶种类，为轻发酵茶。产于湖南省洞庭湖的君山。君山为一小岛，岛上土壤肥沃、竹木丛生，春夏季湖水蒸发，云雾弥漫，生态环境优良。君山银针风格独特，年产不多，质量超群。

君山银针的品质特征为：全由肥壮芽头制成，大小长短匀齐，紧实挺直，芽身金黄，有淡黄色茸毛；香气清鲜，滋味甘浓鲜爽，汤色橙黄清澈，叶底黄嫩明亮。

君山银针属芽茶，其采摘和制作都有严格要求，每年只能在清明前后 7 至 10 天采摘，采摘标准为春茶的首轮嫩芽。根据芽头肥壮程度，君山银针分特号、一号、二号三个档次。如用洁净透明的玻璃杯冲泡君山银针，可以看到初始芽尖朝上、蒂头下垂而悬浮于水面，随后缓缓降落，竖立于杯底，忽升忽降，蔚成趣观，最多可达三次，有“三起三落”之称。

在 1956 年国际莱比锡博览会上，君山银针被誉为“金镶玉”，并赢得金质奖章。

图 2-30　君山银针

8. 武夷岩茶

武夷岩茶是乌龙茶中最早的茶品，属于半发酵类茶品。岩茶，因其茶树生长在岩石岩缝之间而得名。岩茶主要在福建武夷山一带，因此，通常将其称为武夷岩茶。

武夷岩茶是采用特殊的乌龙茶制作工艺制作而成，制成的干茶外形呈弯曲的条形状。茶叶的色泽以乌褐色为主，同时还带有墨绿、青褐等颜色。茶叶的条索紧结，冲泡后的茶汤汤色清澈明亮，茶汤颜色介于橙黄至金黄色之间。岩茶的茶香浓郁，同时其中还带有花果等香气，闻起来十分的鲜香，香气悠长。茶汤品饮起来滋味十分的鲜醇甘爽，入喉柔爽顺滑，有着唇齿留香之感。冲泡后的茶叶叶底舒展，叶缘镶边。对于不同的岩茶茶树品种来说有一定的差别。优质的岩茶，因其在于岩石地带，使得茶叶中含有岩韵，岩骨花香。

武夷岩茶优良品质的产生，有赖三个条件：一有得天独厚的生态环境，二有丰富的适制乌龙茶的品种资源，三归功于独特精湛的制作工艺。

9. 安溪铁观音

铁观音茶是乌龙茶中的珍品，已有悠久历史。铁观音产于福建安溪县，这里群山环抱，峰峦绵延，年平均温度在 15℃至 18℃，属于亚热带季风气候，适宜茶树生长。

铁观音的品质特征为：条索卷曲、壮结、重实，呈青蒂绿腹蜻蜓头状。色泽砂绿鲜润，红点明显，叶表带白霜，汤色金黄，浓艳清澈，叶底肥厚明亮，具绸面光泽。泡饮茶汤醇厚甘鲜，入口甘带蜜味；香气馥郁持久，有“绿叶红：镶边，七泡有余香”之誉。

铁观音一年分四季采制，谷雨至立夏为春茶；夏至至小暑为夏茶；立秋至处暑为暑茶；秋分至寒露为秋茶，制茶品质以春茶为最好。采摘标准为顶芽开展，新梢长到四五叶时方采。鲜叶用传统工艺加工制作，初制分晒青、做青、晾青、杀青、揉捻、初烘、包揉、复烘、复包揉和烘干等 10 多道工序。

铁观音茶一向为福建、广东、台湾茶客及海外侨胞所珍爱。在日本，铁观音几乎已成为乌龙茶的代名词。

10. 白毫银针

白毫银针产于福建省福鼎和政和一带。清嘉庆初年，福鼎就创制了银针，约在 1857 年，福鼎大白茶品种茶树选育繁殖成功，此后便开始用福鼎盛大白茶品种茶树的壮茶作为制作白毫银针的原料，由于菜芽茶细小，后来便不再采用。1880 年，政和县繁育了政和大白茶品种茶树，之后便开始采用此茶树品制作银针。①

白毫银针的品质特征为：外形针状，由顶芽制成，满披白毫，具银色光泽；香气清鲜，毫香浓，滋味鲜爽微甜，汤色浅黄，清澈晶亮。因产地不同，品质略有差异。福鼎产品，外观银白色，滋味鲜爽；政和产品，外观银灰色，毫显芽壮。

图 2-31　白毫银针

11. 祁门红茶

祁门红茶是我国传统工夫红茶的珍品，在国内外享有盛誉。其产于安徽省南部祁门县，以及毗邻的石台、东至、黟县、贵池等县，这里土壤肥沃，腐殖质含量高，早晚温差大，常有云雾缭绕，且日照时间较短，构成了茶树生长的天然佳境，也酿成祁红特殊的芳香味。

① 参见彭丽亚《最新茶叶选购百问百答》，湖南美术出版社 2010 年版，第 69 页。

祁门红茶品质超群，被誉为“群芳最”。它以条形紧秀，锋苗好，色有“宝光”和香气浓郁著称于世。英国人喜爱祁红，皇家贵族把它当作时髦饮品，称它为“茶中英豪”。日本消费者也爱饮用祁门红茶，称其香气为“玫瑰香”。祁门工夫红茶香气芬芳馥郁，持久独特，似花果香，国外客户赞为“祁门香”，滋味浓醇鲜爽，汤色红艳明亮，叶底红艳柔软。

品质优异的祁门红茶，采制工艺十分精湛，高档茶以一芽二叶为主，一般均系一芽三叶及相应嫩度的对夹叶。将采摘好的鲜叶经过 16 道工序的加工，制成外形整齐美观、内质纯净统一的高品质祁门红茶。

祁门工夫红茶主销英国，其次为荷兰、德国等十几个国家。1915 年“祁红”曾获巴拿马万国博览会金质奖。

图 2-32　祁门工夫红茶

茶典故

祁门红茶

1875年，黟县人余干臣从福建罢官回原籍经商，仿效福建“闽红”制法，试制红茶，在至德县（今至东县）尧渡街设立茶庄试制红茶，一举成功。成功后扩大红茶经营，别人亦效仿之，于是很快祁红声誉超过闽红。1915年获巴拿马万国博览会金质奖。祁红在国际市场上与印度大吉岭茶、斯里兰卡乌伐茶齐名，并称为“世界三大高香茗茶”。①

12. 云南工夫红茶——滇红

滇红属大叶种类型的工夫茶，是我国工夫红茶的新秀。滇红产于云南澜沧江沿岩的临仓、保山、黑茅、西双版纳、德宏和江河等地区。云南全年平均气温保持在15℃至18℃之间，从3月初到11月底，一年可采9个月茶叶。茶区山峦起伏，雨量充沛，土壤肥沃，腐殖质丰富，具有得天独厚的茶叶生产的自然条件。

云南工夫红茶的品质特征为：滇红外形条索紧结肥硕，色泽油润，金毫特显；汤色红浓透明，香气鲜郁高长，叶底红匀嫩亮。茸毫显露为其品质特点之一。其毫色可分为淡黄、菊黄、金黄等。

滇红因采制季节不同，其品质具有季节性变化，一般春茶比夏、秋茶好。春茶条索肥硕，身骨重实，净度嫩匀。夏茶正值雨季，虽芽毫显露，但净度较低，叶底稍显硬、杂。秋茶正处于干凉季节，茶身骨轻、净度低，嫩度不及春、夏茶。选用嫩度适宜的、内含多酚类物质比其他茶树丰富的云南大叶种茶树鲜叶做原料，经过加工产生较多的茶黄素、茶红素、加之咖啡碱、水浸出物等物质含量较高，制成的红茶汤色红艳，品质上乘。

---

① 国家旅游局人事劳动教育司：《导游基础知识（第2版）》，旅游教育出版社1999年版，第225页。

图 2-33　滇红

茶典故

云南工夫红茶的崛起

“滇红”产于云南省南部的临沧，那里溪流交织，雨量充沛，土壤肥沃，腐殖质丰富，被科学家称为“生物优生带”。众所周知，云南是世界茶叶的原产地，是茶叶之路的起始点，然而云南红茶生产历史仅 80 多年。1939 年，云南中国茶叶股份公司茶叶技师冯绍裘受命筹建凤庆茶厂并分别到顺宁（今凤庆）和佛海（今勐海）两地试制红茶，成功试制出了第一批工夫红茶，取名“云红”，通过香港富华公司转销伦敦，赢得客户欢迎。据说，英国女王对此茶非常喜欢，将其置于玻璃器皿之中，作观赏之物。1940 年，云南红茶统一改称“滇红”，滇红之名一直沿用至今。直到 20 世纪 50 年代后，云南茶区大力推广滇红工夫红茶加工技术，滇红工夫茶再次崛起，1957 年，凤庆茶厂生产的滇红工夫茶在北京举行的同类产品评比中获第一名；1958 年，凤庆茶厂首创滇红特级工夫茶，从 1959 年开始被国家定为外事礼茶，成为举世欢迎的工夫红茶。①

① 参见王琼《茶艺师中级》，中国劳动社会保障出版社 2006 年版，第 127 页。

第三部分
茶艺师的礼仪素质

茶艺师除了要具备一定的职业道德和文化修养外，还要具备良好的仪容仪表修饰、优雅的动作举止和亲切得体的待客礼仪等。

一、仪容仪表

礼仪是处世的行为规范，也是人们在人际交往中必须遵循的律己敬人的习惯形式。从审美角度来看，礼仪可以说是一种形式美，它是人的心灵美的必然外化。从传播角度来看，礼仪可以说是一种在人际交往中进行相互沟通的技巧。从交往的角度来看，礼仪是人际交往中适用的一种艺术，是一种交际方式或方法。

客来敬茶，以茶待客是人们日常社交和家庭生活中普遍的往来礼仪，也是中华民族的传统礼仪和习俗，并成为人们日常生活中的一种美德。因此，茶与礼已紧密相连，不可分割。

（一）茶艺师的仪容修饰

茶艺师的仪容仪表包括其容貌、姿态、气质等。茶席的主人应适当修饰仪表。无论是男性还是女性，都应仪表整洁，举止端庄，要与环境、茶具相匹配，言谈得体，彬彬有礼，表达出内在的文化素养。

发型：它是构成人外在气质美的因素之一。茶艺师的发型原则上要根据自己的年龄、身材、脸型、头型、发质等选择适合自己的气质，给人一种舒适、整洁、大方、优美、端庄感觉的发型，从而达到整体和谐美的效果。如果茶艺师是短发，要打理整洁；如果是长发，须在工作时将长发梳起，最好是中式发髻或盘发，也可简单扎成马尾辫。在工作中，不要让头发掉落到茶具或操作台上，否则会给客人不卫生之感。

手型：作为茶艺人员，首先要有一双纤细、柔嫩的手，平时注意手部的保养，随时保持清洁、干净。指甲要及时修剪整齐，不涂有颜色的指甲油。特别需要注意的是手上不能残留护手霜或化妆品的气味，以免影响茶叶的香气。

面部修饰：茶的本性是恬淡平和的，茶艺表演或服务是淡雅的事物，一般女性可以化淡妆，表示对客人的尊重，以恬静素雅为基调，切忌浓妆艳抹，也不要喷味道强烈的香水，否则茶香易被破坏，破坏了品茶时的感觉。

图 3-1　茶艺师仪容

（二）茶艺师的体态举止

茶艺师做茶艺时的体态举止应注意以下两个方面：一是将各项动作组合的韵律感表现出来；二是将泡茶的动作融进与客人的交流中。

茶艺师首先要有神，即从茶艺师的脸部显露的神气、光彩、思维活动和心理状态等，表现出人对茶道精神的领悟程度。

在茶艺活动中，要走有走相，站有站相，坐有坐相。

茶艺人员的走姿：如果是女性，行走时脚步须成一条直线，上身不可摇摆扭动，以保持平衡。同时，双肩放松、下颌微收、两眼平视，并将双手虎口穿插，右手搭在左手上，提放于身前，以免行走时摆幅过大。如果是男士，行走时双臂可随两腿的移动，做小幅自由摆动。当来到客人面前时应稍倾身，面对客人，然后上前完成各种冲泡动作。完毕后，面对客人，后退两步倾身转弯离去，以表示对客人的恭敬。

茶艺人员的站姿：茶艺师在泡茶过程中，有时因茶桌较高，坐着冲泡不甚方便，也可以站着泡茶。即使是坐着冲泡，从行走到下坐之间，也需要有一个站立的过程。这个过程，是冲泡者给客人的第一印象，格外重要。站立时，茶艺师须做到双腿并拢，身体挺直，双肩放松，两眼平视。女性应将双手虎口穿插，右手贴在左手上，并置于身前；男士同样应将双手虎口穿插，但要将左手贴在右手上，置于身前，而双脚可呈外八字稍作分开。上述动作应随和自然，防止生硬呆滞，而给人以机器人的感觉。

图 3-2　茶艺师的站姿

茶艺人员的坐姿：冲泡者坐在椅子上，要全身放松，端坐中央，使身体重心居中，保持平稳。同时，双腿并拢，上身挺直，切忌两腿分开，或一腿搁在另一腿上，不断抖动。另外，应头部上顶，下颌微作收敛，鼻尖对向腹部。如果是女性，可将双手手掌上下相搭，平放于两腿之间；而男士可将双手手心平放于左右两边大腿的前方。

图 3-3　茶艺师坐式泡茶

茶艺师的言谈：语言作为一门艺术，也是个人礼仪的一个重要组成部分。茶艺师在茶席中发言，声音大小要适宜，同时要根据不同的场景使用不同的语速，而速度平和适中则可以给人留下稳健的印象，也比较符合茶席的气质。进行茶艺活动时，通常主客一见面，冲泡者就应落落大方又不失礼貌地自报家门，最常用的语言有："大家好！我叫某某，很荣幸能为大家泡茶！有什么需要我效劳的，请大家尽管吩咐。"冲泡开场前，应简要地介绍一下冲泡的茶叶名称，以及这种茶的文化背景、产地、品质特征、冲泡要点等。介绍内容不能过多，语句要精炼，用词要正确。在冲泡过程中，对每道程序，用一两句话加以说明，特别是对一些带有寓意的操作程序，更应及时指明，起到画龙点睛的作用。当冲泡完毕，客人还需要继续品茶，而冲泡者得离席时，不妨使用"对不起！我可以离开一会儿吗?"这种征询式的语言，显示对客人的尊重。总之，在茶艺过程中，冲泡者须做到语言简练、语意正确、语调亲切，使饮者真正感受到饮茶是一种高雅的享受。

茶艺师的礼貌用语：茶艺师在茶席待客要使用得体的称呼，使用敬称，可以从辈分上称呼对方，也可以对方的职业相称或以职务相称。此外，茶艺师还要使用礼貌用语，如："您好，请进！""请问您几位？""坐大堂还是雅间？""请看茶单，请问您喝什么茶？""请问现在可以泡茶了吗？""请问各位喜欢喝口味浓点的，还是一般的？""请慢品，如果有事，请按呼叫器。""您慢走，欢迎再次光临！"等。

（三）茶艺师的表情和眼神

茶艺师应在席中成保持恬淡、宁静、端庄的表情。个人的眼睛、眉毛、嘴巴和面部表情肌肉的变化能体现一个人的内心，茶艺师应表情自然、典雅、庄重，眼睑与眉毛要保持自然的舒展。

目光也是一种无声的语言，往往可以表达有声语言难以表达的意义和情感，甚至能表达最细微的表情差异。茶席中的良好形象，目光是坦然、亲切、和蔼、有神的。特别是在与客人交谈时，目光应该注视对方，这既是一种礼貌，又有助于维持一种良好的联系，使谈话在频频的目光接触中持续不断。比较好的做法是：用眼睛看着对方脸部的三角区域，这个三角区域是以两眼为上线，嘴为下顶角，也就是双眼和嘴之间。当然要注意不可将视线长时间固定在对方的眼睛或是其他注视的位置上，应适当地将视线从固定的位置上移动片刻，这样能使茶席中的各方心情放松，感觉平等、舒适，从而更加享受茶席的美好。

微笑与茶一样，为茶席增加了亲和力。微笑可以说是社交场合中最富吸引力，最令人愉悦，也是最有价值的面部表情，它可以与语言和动作相互配合起互补作用，不仅能够传递茶席中友善、谦恭、和谐、融洽等最美好的感情因素，还能反映茶主人的自信、涵养、和睦的人际关系及健康的心理。微笑的美在于文雅、适度、亲切、自然，符合礼仪规范。微笑要诚恳和发自内心，切不可假意奉承。

图 3-4　茶艺师的表情

二、茶艺服饰

服装服饰，能反映一个人的文化素质和审美。茶艺师的服饰能反映茶艺师的素质和审美，在茶艺表演时，可以根据不同的主题进行服装搭配，例如汉服、旗袍等都是不错的选择，但是应该以素雅单色和简单的条格样式为主。装饰用品可作为服装的辅助用品，应该和服装相搭配。茶艺服饰首先要与活动的场合、内容、身份配套，其次才是讲究式样、做工和质地、色泽。一般泡茶时，茶艺师的服装穿着应尽量庄重有内涵，在一些大型的活动中，应穿里、中、外三层，会显得更正式端庄；服饰宽松更显大气，并可以使泡茶动作更舒展，使身体轮廓得到渲染和修饰，整个人的气势也能增强。最后就是穿套装会比穿单件组合，更显雍容华贵。此外，茶艺服饰还可选择符合本地生活格调、风俗习惯、民族特色的服装。茶艺师的着装不应只追求自身的美，更要追求气质、气场与茶席的和谐统一。

有章服之美，称之“华”，有礼仪之大，为之“夏”，我们借由茶艺，来展现这两大华夏文明国粹文化是茶艺的重要内容和目的，更是茶艺师的职责所在。

（一）茶席服饰

服装是有语言的，服装的语言是通过服装的款式结构、色彩变化和不同饰物的搭配传递人们对人生和世界的理解。茶席艺术讲究主题，茶艺师根据茶席的主题选择茶服。其可选择不同地区、民族、年龄、性别、职业有一定代表性的典型服饰。从不同的历史时期来看，服饰更是千变万化，仅各代宫廷的服饰就让人惊叹不已。其他，如各民族间的服饰也同样样式丰富，可供选择。

图 3-5　茶席服饰

根据茶席的色彩选择茶服。茶席的色彩是指具体器物的总体色彩气氛所呈现的色彩感觉。根据茶席的色彩来选择与搭配服饰，其方法主要有三种：一是用加强色，就是在茶席的主体色或总体色彩气氛的基础上再进行同类色的加强；二是衬托色，就是以间色或中性色对茶席的主体色或总体的色彩气氛进行衬托；三是用反差色，就是指服饰的颜色相对于茶席的主体色或色彩气氛形成强烈的反差。

茶百科

外国茶服

英国人下午茶的讲究并非简单体现在时间的节点和时间的长度上。其实，英国人对生活非常讲究，远不止在品茶上，作为时尚帝国之一，下午茶服饰也呈现出了英国人精致高雅的情调。

女装表现出来的主要特征是优雅和高贵，服装款式比较修身，多连衣裙和套装，饰品搭配上较为多样，有帽子、手包、腰带、高跟鞋、手套等，妆容比较浓郁，整体呈现出一种比较自信的姿态。简单可以归纳为以下三个主要风格类型，即都市洗练型、经典优雅型、活泼浪漫型。

日本和服在对日本茶道做出重大贡献的千利休先生的影响下，采用了流行的茶色、鼠色，还有以他名字命名的利休色，颜色大多倾向茶色系列，有些偏绿，有些偏黄棕。现代社会，茶色系列和服依旧很受欢迎，也多被茶道表演选用。总体上，女性茶道和服颜色相对较浅，色彩多选用浅茶色、茶褐色、樱花色、米色、驼色、青灰色等，整体色彩素净柔和；男性茶道和服以银灰色、深灰色等无彩色系居多，整体色彩沉稳纯粹。纹样题材上主要是传统的花卉植物纹，还有一些赋有寓意的、抽象的、叙事的以及变化组合的花卉纹样、风景图案等。用于茶道的和服装饰图案主要是点缀装饰，一般不会大面积采用，主要是与茶道的静寂感相协调，不至于喧宾夺主。图案可丰富、可简单，色彩可平铺、可渐变，呈现形式多种多样，但是一般呈现在茶道中的和服大多色彩较为素净。

在整体风格上，日本茶道和服受到日本茶道精神的影响，表现出简素的风格，体现自然的本色，不喜华丽的装饰，不论在色彩和装饰图案上都有着古朴、静谧的美感，呈现出与简朴、粗陋茶室的朴素之美，配合着雅致的茶室环境，和服把茶人淡泊的内心和单纯又自然的服饰特点很好地呈现出来。

在韩国，茶礼服饰也是不同于一般场合穿着的韩服，这与他们茶礼的整个环境和精神倡导紧密相连，对于已有固定民族服饰的日韩来讲，在茶艺服饰的设计上似乎显得相对简单，但是内涵的东西其实更重要，更值得我们深入研究。

韩国人在庆祝大型的活动、典礼、宴会中都会身着传统韩服。在如此具有文化意义的茶礼活动中，韩国茶艺师自然也会衣着韩服，款式为短上衣配高腰长裙。在茶礼活动的韩服选择上，色彩通常鲜艳明快，搭配通常上浅下深，如白色上衣搭配粉色长裙、淡黄色上衣搭配红色长裙、淡绿色上衣搭配橄榄绿色长裙、浅蓝色上衣搭配藏蓝色长裙等。

三、行茶礼仪

（一）茶艺师的行茶礼仪

1. 欢迎礼仪

在一个完整的茶席展示中，茶主人首先要向来宾行礼以示欢迎。最常见的礼仪形式为鞠躬礼，包括站立式、坐式和跪式三种。站立式鞠躬又分为真礼、行礼和草礼。其中真礼鞠90度躬，常用于主客之间（扫码可观看视频，真礼，见150页）；行礼鞠60度躬，常用于客人之间；草礼鞠30度躬，常用于说话前后。站立式鞠躬时男士的动作要领是：两手平贴大腿徐徐下滑，上半身平直弯腰，弯腰时吐气，直身时吸气。弯腰到位后略做停顿，再慢慢直起上身。女士行礼与男士基本相同，只是将双手交握于身前。行礼的速度宜与他人保持一致，以免出现不协调（扫码可观看视频，入座礼，见150页）。

茶席中的坐式鞠躬礼男女也有不同标准。男士双手握空拳，齐肩宽置于茶桌上，上半身平直前倾，前倾时吐气，直身时吸气。女士与男士的动作区别主要在手部，女士双手交叠于胸前茶桌上，在行礼时保持头部与身体的一致以及视线的自然下移并回正。在一些特殊的茶席中还会用到跪式鞠躬礼。主客之间以跪坐姿势为预备，背颈部保持平直，上半身向前倾斜，同时双手从膝上渐渐滑下，全手掌着地，两手指尖斜对，身体倾至胸部与膝盖间只留一拳空当（切忌低头不弯腰或弯腰不低头）。稍作停顿慢慢直起上身，弯腰时吐气，直身时吸气。

图 3-6　欢迎礼仪

2. 温杯洁具

茶艺师正式泡茶前要先进行温杯洁具，此环节虽然主要目的是提高杯温，以便更好地激发茶香，但同时，在客人的视线之内清洁茶具，即便是干净的茶杯，也用开水烫洗一下，这样会给客人带来舒适安心的感受。从这个角度来理解，温杯洁具已不仅仅是一项行茶的程序，而是具有礼仪上的意义。此外，待客茶席中的茶具每次用过要彻底清洗消毒，并始终保持清洁干爽，所有茶具从外观上看必须是干净的，杯子里没有茶垢、杂质、指纹等之类的异物附着。即便是一些有收藏价值的老茶具，也不要有残留的令人不悦的水渍或茶渣。

3. 示茶、赏茶

茶艺师在开始冲泡茶叶前，应先拿出一些名优茶放在茶盘中，供客人挑选，以表达对客人的尊重。茶艺师将茶叶从茶仓中取出时注意要用茶匙或者茶则取适量茶叶，切忌用手抓取，以免使茶叶沾染杂味，同时也显得对客人不礼貌。茶叶取出后要先向客人展示，介绍茶的种类、名称、特点等，同时可将茶荷传递给客人，方便观赏茶叶外形并嗅赏其香气。

图 3-7　行茶仪态

4. 斟茶、敬茶

茶艺师泡茶时动作要轻柔持重，通常的做法是把茶壶上下拉三次沏成，称为“凤凰三点头”。这是一种传统的行茶礼仪，是对客人表示敬意，同时也表达了对茶的敬意。上下三次寓意三鞠躬，表达主人对客人有敬意、有善心，因此手法宜柔和，不宜太快、太猛烈。同时，水注三次冲击茶汤，更多激发茶性，也是为了泡好茶。

泡茶时，要注意使用双手回旋的手法。在进行回转注水、斟茶、温杯、烫壶等动作时用双手回旋。若用右手则必须按逆时针方向，若用左手则必须按顺时针方向，类似于招呼手势，寓意“来、来、来”，表示欢迎。

分茶时，要注意不得溅出茶水，做到每位客人茶水水量一致，以示茶道公正平等，无厚此薄彼之义。分茶时，茶杯多放于客人右手的前方。敬茶时，要依据先长后幼，先女宾后男宾，先客人后主人的顺序进行，每一泡茶，都应由茶主人进行扫尾。茶主人应随时关切每一道茶汤的变化，以便随时调整泡茶要素，更好地发挥茶汤的品质。奉给客人的茶杯，尽量使用茶托，如确实没有茶托，也应该一只手托住杯底的一个点，另一只手则扶住茶杯的 1/2 以下部位，手指切莫触及杯口。在敬茶时，应尽量做到双手奉茶，如果受环境影响必须单手奉茶，则应右手端杯，左手也随杯向前。在奉茶时，应面带微笑，眼睛注视对方，身体不宜侧倾，以示礼貌；还可以说，“请用茶”，表示谦逊。斟茶时，不可斟倒太满，古人有“茶斟七分满，留下三分是情义”之说，实际上是因为茶水温度较高，斟倒太满，客人拿取时容易烫手，给客人造成不便（扫码可观看视频，奉茶礼，见 150 页）。

图 3-8　敬茶与叩手礼

茶席中的客人接受敬茶时也要以礼还礼，应双手接过，行注目礼、叩手礼，或是点头致谢，最为郑重的做法是欠身起坐。叩手礼也叫叩指礼，是从古时中国的叩头礼演化而来的，叩指即代表叩头。早先的叩指礼是比较讲究的，必须屈腕握空拳，叩指关节。随着社会的发展，叩指礼逐渐演化为将手弯曲，用几个指头轻叩桌面，以示谢忱。行叩手礼时，下级和晚辈必须五指做跪拜状叩击桌子两三下；长辈和上级只需单指叩击桌面两三下表示谢意即可，平辈之间可用两指叩击桌子两三下表谢意（扫码可观看视频，伸掌礼与叩指礼，见150页）。

5. 品饮送行

品饮茶汤时，不宜一次饮干，更不应大口吞咽，喝地咕咕作响。应当轻啜慢咽，慢慢地小口仔细品尝一苦二甘三回味，其妙趣可意会而不可言传。品饮之后，还应及时称赞，并适当地与茶主人交流茶叶品质的优劣以及饮茶的感受。

茶席品饮结束后，茶艺师应站在茶席一侧恭送客人离去，并微笑道别。

6. 馈赠茶礼

自古以来，中国人便讲究礼尚往来。小小的一份礼物，承载的是亲人、友人间的深情厚谊。以茶为礼，不仅是最好的选择，也更显这份情谊的珍贵。

送茶就是送健康。茶是保健饮品，也是公认的纯天然饮品。古今医典、中外科研都肯定了其药用功效，喝茶能止渴生津、消食去腻、排毒醒酒、利尿通便等。尤其是保健功效较为全面的茶，越来越多的人开始将其作为日常不可或缺的饮品，“送茶送健康”的观念更是深入人心。

送茶即是送文化。上下五千年，茶饮文化作为东方文明的象征，已根植于中国传统。开门七件事：柴、米、油、盐、酱、醋、茶。在人们的日常生活中，品茶更是亲朋团聚、传递祝福、表达感情的媒介。因此，佳节送茶，送的更是文化与品位。

除此之外，茶叶作为礼品，适用于各种场合，对于喜欢喝茶的人来说正合他意，就算送的不是他平时爱喝的茶，对他来说也是一种“尝鲜”。即使对方平时不喝茶，也总有需要茶叶招待客人的时候。而且，相对于食品、烟酒等，茶叶伴随对方的时间要长得多，还能带来健康，没有比茶叶更合适的礼物了。

四、中外茶礼

（一）中国汉族的茶礼

汉族饮茶，大多推崇纯茶清饮，茶艺师可根据宾客所点的茶品，选择适合的方式冲泡。中国汉族的茶礼应注意以下几个方面。

1. 着装举止

茶性是恬淡平和的，因此，品茗时，礼仪师着装要整洁大方，举止庄重得体，落落大方。女性忌浓妆艳抹；男性忌乖张怪诞，正式场合宜着茶服。

2. 座位安排

为了配合长幼有序的礼节，品茗时，应尽量安排长辈或首席客人坐在泡茶人的最左方。斟茶便会按照顺序，自左向右，最后到自己。如果将主宾安排的位置不对，则斟茶过程中主客顺序将被打乱，从而变得无序。如果是较多人的场合，长者居中时，在第一次斟茶时，要先尊老后卑幼，第二遍时就可按顺序自左向右斟茶。客人在接受斟茶时，要有回敬反应。

3. 运具方法

放置茶壶时壶嘴不能正对他人，茶杯应将有图案的正面朝向客人。茶艺师或主泡者都以右手持壶或公道自左到右顺时针为宾客倒茶，以示尊敬。如习惯左手持壶，则可逆时针为宾客倒茶。

4. 茶斟七分

斟茶时只斟七分即可，暗寓“七分茶，三分情”之意。俗话说：“茶满欺客”，茶是热的，满了接手时，茶杯很热，不便握杯啜饮。

5. 分茶公平

分茶时要注意不得溅出茶水，做到每位客人茶水水量一致，以示茶道公正平等，无厚此薄彼之义。分茶时，茶杯多放于客人右手的前方。将泡好的茶端给客人时，最好使用托盘，若不用托盘，注意不要用手指接触杯沿。端至客人面前，应略躬身，说“请用茶”。也可伸手示意，同时说“请”。

6. 司炉最末

在敬茶时除了先长后幼外，还要先客后主。一般，茶席最右方的茶是尾席，每一泡茶，在场的人全都喝过茶之后，茶艺师（主泡者）才可以品饮，俗称“司炉最末”。茶艺师应随时关注每一道茶汤的变化，以便随时调整泡茶方法，以求最好的茶品。

7. 茶汤续泡

客人喝完杯中茶，并且到了尾头，茶艺师应尽快为其续杯。如果发现客人的杯子有茶渣，应替客人重新洗杯，或换杯。茶艺师应熟悉茶品状况，茶水从浓到淡，数冲之后便要更换茶叶，若茶汤已现水味，如不及时更换茶叶会被人认为“无茶色”。无茶色其意有二，一是茶已无色还在冲，是对客人冷淡，不尽地主之谊。二是引申对人不恭，办事不认真，效果不显著，欲有“某人无茶色”。

8. 品茗禁忌

泡黑茶和乌龙茶时，头冲茶倒掉不可喝。因为里面有杂质不宜喝饮，本地有“头冲脚惜（音同），二冲茶叶”之称，但名优绿茶、黄茶和芽茶类茶叶头冲茶营养成分高，可直饮，不应倒掉。宾主喝茶时，中间有新客到来，主人要表示欢迎，立即换茶，否则被认为“慢客”或“待之不恭”。换茶叶之后的二冲茶要新客先饮，如新客一再推卸叫“却之不恭”。

客人喝茶时不能皱眉，容易让茶艺师或主人认为客人嫌弃自己茶不好，不合口味。客人喝茶提杯时不能任意把杯子在茶盘沿上擦，茶喝完放杯要轻手，不能让杯发出声响，否则是“强宾压主”。

茶典故

茶分三等①

在中国饮茶史上，曾有过按身份施茶的习俗。相传东晋永和年间，浙江雁荡山的寺院有佛门弟子三百，终年香火不断，每天的施主和香客经年不绝，但寺院没有足够的茶来招待每一位施客，更别提用上等茶招待了。为此，寺院的和尚们想了一个办法。凡达官贵人、大施主进中，负责接待的和尚就喊：“好茶、好茶！”随即端上一杯香茗上品；若是上等客人、小施主，就喊：“用茶、用茶！”则用一杯上好的茶招待；若是普通香客，就喊：“茶、茶！”则用一杯较普通的茶招待。

据传，某日清代大书画家郑板桥到某座寺庙中去游玩拜会。方丈见他衣着简朴，貌不出众，就淡淡地说了声：“坐！”又回头对小和尚说：“茶！”两人落座以后，方丈从对方的交谈中感到此人谈吐不凡，颇有学问，于是引进厢房，

① 詹詹：《一席茶：茶席设计与茶道美学》，中国轻工业出版社 2019 年版，第 286 页。

说："请坐！"又吩咐小和尚："敬茶！"之后双方交谈甚欢，方丈乃知来者是"扬州八怪"之一的郑燮，随即请到方丈室，深施一礼，满脸堆笑地说："请上坐！"又急忙吩咐："敬香茶！"告别时，方丈一再恳求，请郑板桥题词留念。郑板桥莞尔一笑，挥毫写下一副对联。上联是：坐、请坐、请上坐；下联是：茶、敬茶、敬香茶。方丈一看，满面羞愧。这种习俗如今虽有淡化，但对一些特别尊贵的客人，或小辈见长辈到来，或好友久别重逢时，出于待客礼节，取出一包平时珍藏的极品茶叶与其同享，仍是我们现代的常见待客礼仪。

（二）中国少数民族的茶礼

1. 白族的三道茶

闻名天下的云南大理白族三道茶，是白族人们独有的茶礼。他们热情好客，讲究先客后主，三道茶便是他们的待客交友之礼。

第一道，是具有浓郁苦味的纯茶，不加任何调味品，寓意做人应当吃苦耐劳，方能有所作为。

第二道，是在"苦茶"的基础上加入乳扇片、芝麻、红糖等甜品配料，象征着生活的先苦后甜。

第三道，是在茶水中放入蜂蜜、炒米花、花椒等佐料，喝起来酸、甜、苦等各味俱全，令人回味无穷。"一苦二甜三回味"的三道茶，既是白族人调节人际关系和传扬民族茶文化的方式，亦蕴含了他们以和为贵、处世淡然的人生哲学。

2. 藏族的酥油茶

藏族茶礼独特。当客人被让座到藏式方桌边时，主人便拿过一只木碗放到客人面前，然后提起酥油茶壶摇晃几下，给客人满茶。倒茶时，茶壶要轻轻摇晃，使茶油匀称，壶底不能高过桌面，以示对客人的尊重。刚倒下的酥油茶，客人不马上喝，先和主人聊天。主人再次提过酥油茶壶站到客人面前时，客人端起碗来，用无名指沾茶少许，弹洒三次，奉献给神、龙和地灵，在酥油碗里轻轻地吹一圈，将浮在茶上的油花吹开，然后呷上一口，并赞美酥油茶打得好，茶油不分开。藏族人习惯边喝边添，三杯后宾客将添满的茶汤一饮而尽，表明不再需要添茶，这是藏族的饮茶习惯和礼貌。

3. 壮族“甜茶”

壮族“甜茶”是壮族的传统饮品，有很多讲究的茶礼。壮族男青年第一次到姑娘家相亲时，姑娘就给他敬一杯茶。如果茶中放有糖，男青年饮“甜茶”，就表明姑娘同意了；如果没放糖，则表示不同意。这种表达的方式，既特别又含蓄。为壮族宾客服务时，要注意斟茶不能过满，奉茶时要用双手。

4. 苗族“花茶”

苗族同胞用冬瓜片、橙子皮切成小薄片，在上面刻出各种图案，再同桂花、白糖一起制成待客的“花茶”。为表达对贵客的敬意，茶杯里常有“吉祥”“祝福”之类的花茶片。花茶还是苗家青年恋爱中的传情物。小伙子来到姑娘家求婚，如果姑娘敬给小伙子的花茶里，有两片“并蒂荷花”和两片“喜鹊对鸣”，表示姑娘同意；如果茶杯中只有三片花茶，则表示不同意。

（三）其他国家的茶礼

1. 日本茶礼

日本人讲究饮茶，注重饮茶礼法，茶艺师为其服务时应注重礼节和泡茶规范。

日本茶道讲究遵循“四规”“七则”。四规即“和、敬、清、寂”四字。“和”表示恭和、谦让、和谐之意，期望人人都能以情为重、以和为贵。“敬”表示以礼相待，意味着对宾客的敬意、对长辈的恭敬以及对同辈和小辈的尊重。“清”是清净、清洁的意思，指环境的清雅幽静，也指心境的安宁平静。“寂”乃是茶道美的最高理念，是在“和、敬、清”的基础上，饮茶者寂然入静、凝神沉思、知己去欲、心无杂念，让自己的内心沉淀。七则指的是：茶要浓淡适宜，添炭煮茶时要注意火候，茶室应冬暖夏凉，室内插花要新鲜，遵守时间，不下雨也要准备雨具，照顾好所有的客人，时刻把客人放在心上。

日本茶道有一套固定的规则和复杂的程序仪式。这些规则和仪式是经过精心提炼后形成的较周到、简练的动作。例如，入茶室前要净手；进茶室时弯腰、脱鞋，以表谦逊和洁净；进茶室后不能交头接耳，必须保持“和谐、尊重、纯净、安宁”的环境等。日本的茶室前一般都会有一个小型的自然景观区。这是为了使茶客在进入茶室前，先静下心来，除去一切凡尘杂念，使身心完全融入自然。随后，茶客用水瓢在茶室外的水缸里盛水，然后洗手、漱口，为的是将体内外的凡尘洗净，再把干净的手绢放入前胸衣襟内，取一把小折扇插在腰带上，静下心后进入茶室。

2. 韩国茶礼

韩国在吸收中国茶道的基础上，结合本民族的文化，形成了独特的茶礼。

三国时期，中国的饮茶风俗和茶文化传入了韩国，韩国的王室成员、贵族和僧侣用茶从事祭祀、礼佛等礼仪活动。韩国的新罗统一时期（668—901）正值中国的唐朝，是韩国全面输入中国茶文化并取得飞跃发展的时期。当时，韩国的饮茶方式多使用唐朝的煎茶法，饮茶文化逐渐由上层社会向民间传播和发展，有的地方开始了种茶和制茶。高丽王朝时期（918—1392），在吸收和消化中国的茶文化后，韩国开始形成了具有本民族特色的茶文化——茶礼，并逐渐普及于王室、官员、僧道、百姓中。朝鲜王朝时期（1392—1910），随着茶器及技艺的发展，韩国茶礼的形式逐渐被固定下来，还出现了丁若镛、金正喜、草衣禅师等茶道大师，为韩国茶道的发展做出了贡献。

韩国的茶礼是在春节、中秋节等传统节日的清晨进行的一项仪式，意在将逝去的祖先请回家过节以求得先人的庇佑。其宗旨是“和、敬、俭、真”。“和”即善良之心地；“敬”即彼此间敬重、礼遇；“俭”即生活俭朴、清廉；“真”即心意、心地真诚，人与人之间以诚相待。

3. 印度茶礼

印度既是产茶大国，又是茶叶消费大国，每年所产茶叶中有 70%是由印度国内消费的。印度有超过 10 万个茶园和数百万的茶叶工人，茶园主要分布在东北部和南部，生产的茶叶主要以红茶为主。东北部的阿萨姆茶区和大吉岭茶区，南部的尼尔吉里茶区等地所产的茶叶以量大质优而闻名于世。其中，阿萨姆茶区是印度最大的茶区，其茶叶产量约占印度茶叶总产量的 50%以上。阿萨姆茶的茶汤醇厚、味浓，经常被作为早餐茶，或调制成奶茶饮用。

印度人对茶叶的喜爱与当地的民俗融合在一起，产生了独具特色的印度茶俗。印度人的喝茶方式比较特殊，他们喜欢将茶叶切碎，加奶或糖做成奶茶，再把奶茶盛在盘中，用舌头舔着喝，也称“舔茶”。由于气候条件的差异，印度南、北两地制作奶茶的方式差别很大。南部饮的奶茶被称为“拉茶”或“香料印度茶”，制作时，先将大锅的水烧热，然后加入红茶和姜煮沸，再加入牛奶沸腾后加入马萨拉后将水装入一个带龙头的大铜壶中。在饮用之前，先从壶中倒出一杯，再倒入另一个杯子中，反复地在两个杯子中倒进倒出，每次都在空中“拉”出一条弧线，这种方式不仅可以让牛奶的味道完全渗入茶中，而且还可以让牛奶和茶叶的香味在拉茶过程中完全释放出来，拉得越长，起泡越多，味道就会越好。印度北部饮用的奶茶叫“煮茶”。制作时，只需在锅中倒入牛奶，置于煤油炉上加热，待牛奶沸腾后加入红茶，再以小火慢熬几分钟，最后加糖、过滤、装杯即可。

接待印度宾客时，茶艺师可用双手合掌礼致意。应注意不要用左手递物。

4. 英国茶礼

茶在英国的历史，最远可以追溯到17世纪，1662年，葡萄牙凯瑟琳公主嫁与英王查尔斯二世，将饮茶风尚带入英国皇室。凯瑟琳公主视茶为健美饮料，嗜茶、崇茶，被人称为“饮茶皇后”。由于她的倡导和推动，饮茶之风不仅在英国宫廷内盛行起来，继而又扩展到王公贵族和贵豪世家，乃至普通百姓。英国人好饮红茶，特别崇尚汤浓味醇的牛奶红茶和柠檬红茶。

英国人重视早餐，轻视中餐，直到晚上8时以后才进晚餐。由于早、晚两餐之间时间长，使人有疲惫饥饿之感。所以，他们特别注重午后饮茶，下午茶一般在4时开始，专用茶为祁门红茶，大吉岭与伯爵茶、锡兰红茶。英国人饮茶，不仅重视茶的味道和品质，也很讲究饮茶的形式。一般来说，要有一套很讲究的茶具。比如，配备一套维多利亚古瓷杯、盘和纯银茶壶、茶匙。饮茶的时候，还要备有各式各样的蛋糕、点心，放在塔形的碟架上，花样繁多，十分讲究。

在饮茶的时候，英国人也尽情展现自己的文化气质和个人修养。绅士在阳光下戴着墨镜，行为稳重，举止得体。女士则谈吐优雅，举止从容，当有人从面前经过时都要礼貌地轻轻挪动身姿，报以微笑。年长的女士在外面喝茶的时候，相互交谈声音很小，动作轻缓。

英国茶发展到现在，可以说品种繁多。除了传统的英国茶外，如今，英国人又在红茶中添加了各类鲜花、水果及名贵香料，配制成当今非常流行的花茶、果茶和香料茶。这些茶都非常受欢迎。比如，玫瑰香茶色泽艳丽，香气四溢；樱桃梅子果茶、橘子柠檬果茶，果香浓郁，饮后令人回味无穷，十分惬意。

英国人喜欢甜味牛奶红茶，茶艺师在提供服务时应根据茶艺服务规程先加牛奶再加茶，适当添加白糖，以满足宾客需求。英国人喜欢甜味牛奶红茶，茶艺师在提供服务时应根据茶艺服务规程适当添加白糖，以满足宾客需求。

5. 俄国茶礼

“客来敬茶”是俄罗斯民族传统礼仪，以茶聚会是人们的一种生活享受。俄罗斯饮茶十分考究，有十分漂亮的茶具：茶碟别致，茶杯颇具特色，一般都用铁皮包裹。他们喝茶时习惯将茶倒入茶碟再放到嘴边。有人喜欢中国的陶瓷茶具，也有人喜欢玻璃的。

俄罗斯人喜欢喝红茶，多喜喝奶红茶或柠檬红茶，即以红茶为主料，用沸水在茶壶中冲泡或烹煮，加入牛奶或柠檬、糖混合，饮时浓甘可口，有咖啡之香韵，更有茶的怡然风味与魅力。此外，也有不加作料的清饮。俄国人饮茶常伴以大盘小碟的蛋糕、烤饼、馅饼、面包、饼干、糖块、果酱、蜂蜜等茶点。他们喝茶常常为三餐外的加餐，或替代三餐中的一餐。从茶的品种来看，俄国人更喜欢喝甜茶，喝红茶时习惯加糖、果酱、柠檬片，有时也加牛奶。因此，在俄罗斯的茶文化中，糖和茶密不可分。根据俄罗斯人对茶饮爱好的特点，茶艺师在服务中可推荐一些甜味茶点。

6. 美国茶礼

中国作为茶叶的发源地，丝绸之路时将茶叶传入多个国家，但是美国的茶是欧洲移民带入的，后来茶叶也渐渐地被美国人民所接受，中美之间的茶贸易也越来越频繁了。

美国是一个生活节奏很快的国家，而传统的泡茶方式比较耗费时间，所以美国人喜欢喝咖啡和可乐，难以接受泡茶这种慢生活的状态。当发现喝茶对身体有诸多益处时，他们结合自己的生活方式对泡茶方式做了改良，研制了袋泡茶、速溶茶、混合冰茶粉，节省了泡茶时间，茶叶由此在美国和加拿大等地广泛流传。

美国饮茶属清饮与调饮两种，清调两者的区别在于是否加入其他调料。美国多数人爱饮加糖和奶的红茶，也酷爱冰茶，美国人是世界上喝冰茶最多的国家。美国人喝冰茶时，先将茶叶在冰箱中冷却，有时会加入冰块、柠檬片、方糖或饮料等，运动时喝冰茶不仅可以补充水分，还可以补充能量。

在接待上述这些国家的宾客时，茶艺馆在经营许可的情况下，尽可能满足宾客的需要，如若条件所限，不能提供上述服务时，应随时向宾客说明。

茶典故

三茶六礼①

茶礼是中国古代婚礼中一种隆重的礼节。原来出于古人对茶树习性的认识，以为茶树只能从种子萌芽成株，不能移植，因此把茶树看作是一种至性不移的象征。所以，民间以茶作为男女订婚的茶礼。在婚俗中有三茶六礼的说法，那三茶六礼是什么意思，具体指什么呢?

图 3-9　定茶②

三茶六礼是中国古代传统婚姻嫁娶过程中的一种习俗礼仪，现也用于代指生意、交易、合作等。三茶，指订婚时的“下茶"，结婚时的“定茶”和同房时的“合茶”。六礼，指由求婚至完婚的整个结婚过程，即婚姻据以成立的纳采、问名、纳吉、纳征、请期、亲迎等六种仪式。

① 参见陈斌、禹和平、靳曦《民间美术与现代设计》，华中科技大学出版社 2018 年版，第 94 页。
② 搜狐网《用情一生，茶来相伴——记一场以茶为主题的婚礼》，https://m. sohv. com/a/308199161 _ 482413/? pvid=000115 _ 3w _ a _ trans _=010004 _ wapwxfzlj，访问期：2019 年 4 月 16 日。

第四部分
茶艺师的科学素质

一、茶艺师应具备的茶物理学知识

背景知识：从物理角度看泡茶

家里来了客人，主人给客人泡一杯茶是待客之道。不要小看这泡茶、喝茶，其中涉及很多物理知识。打开茶盒，茶叶满屋飘香，这是因为茶叶的分子在空气中扩散。将茶叶倒入玻璃杯中，用开水冲泡，可见茶叶徐徐漂浮起来。这是因为大部分茶叶的密度小于水的密度，当茶水浮力大于茶叶自身重力时，茶叶就飘浮起来；随着茶叶浸泡时间的延长，茶水的颜色逐渐变深了，这是因为组成茶叶的分子发生了扩散；当我们用手端起玻璃茶杯后，透过杯子发现手指看起来很粗，这是因为装水的茶杯相当于一个凸透镜。

茶里乾坤大，壶中日月长。茶艺师要想泡好一壶茶，除了要知悉茶叶基本知识与茶性、掌握科学泡茶的手法外，还要懂得与茶相关的科学知识，如茶的物理学知识、茶的化学知识和茶的医学知识等，只有具备了科学素质的茶艺师，才能成为一名出色的茶艺大师。

（一）茶艺师应了解茶叶中的物理特征

在制茶的过程中，茶艺师需要掌握茶叶的密度、茶叶吸湿平衡含水率、茶叶平衡含水率、茶叶临界含水率、茶叶吸附性等茶叶物理特性，了解茶艺的物理特性是制茶成败的关键因素。

1. 茶叶密度①

茶叶密度即单位体积内的茶叶质量，以 kg/m^3 为单位。相同情况下，密度的大小可以反映茶叶条索的紧结度和嫩度。按密度大小，依次为：红碎茶 $367kg/m^3$，工夫红茶 $340kg/m^3$，炒青绿茶 $266kg/m^3$，龙井茶 $253kg/m^3$，乌龙茶 $215kg/m^3$。

2. 茶叶吸附性

茶叶的吸附性即茶叶吸附其他气体的特性，这是由于茶叶中含有棕榈酸、

① 参见陈宗懋《中国茶叶大辞典》，中共轻工业出版社 2000 年版，第 362 页。

稀萜类等物质及其组织结构的多孔性造成的。茶叶的吸附性有物理吸附（表面质点相互吸引）和化学吸附（茶叶中的化学成分与被吸气体分子相互结合）两种。前者在常温下可逆，后者则较稳定。吸附的强弱与茶叶的组织结构、内含成分和被吸气体的浓度、运动速度有关。一般是嫩茶的吸附能力大于老茶，绿茶优于乌龙茶、红茶、黑茶；烘青大于炒青；表面积大的茶大于表面积小的茶。

利用茶叶吸附性这个特性，一方面可以窨制各种花茶；但另一方面，要严禁茶叶同有异味、有毒性的物品存放在一起，避免茶叶串味或被污染。

3. 茶叶吸湿性

茶叶是多孔性的组织结构，同时，茶叶中又含有糖类、多酚类、蛋白质、果胶质等许多亲水性成分，因此，茶叶具有非常强的吸湿性，由此产生了茶叶吸湿平衡含水率、茶叶平衡含水率、茶叶临界含水率几个制茶、储茶的重要参数。

茶叶的平衡水分与相对湿度呈正比关系。实验表明，相对湿度在40%时，茶叶的平衡水分为6.3%；相对湿度在60%时，茶叶的平衡水分为8.3%；相对湿度在70%时，茶叶的平衡水分为9.6%；相对湿度在80%时，茶叶的平衡水分为12%；相对湿度在90%时，茶叶的平衡水分为17%。从上述的变化数据可以知道，茶叶储存的相对湿度应当控制在60%～70%以内。

基于茶叶的吸湿性这一特性，储藏茶叶必须控制相对湿度，必时要用干燥剂，传统的家用储藏法一般采用石灰缸、木炭缸干燥法，具有良好的效果。但是，不同种类的茶叶要选择不同种类的干燥剂，如储存名优绿茶可用块状未潮解的生石灰储存，红茶和花茶可用干燥的木炭等。

茶百科

茶叶含水率的几个术语①

茶叶吸湿平衡含水率：即茶叶从空气中吸收水分到一定量，与空气湿度达

① 参见陈宗懋《中国茶叶大辞典》，中共轻工业出版社2000年版，第362页。

到平衡时的含水率，是控制茶叶干燥度的重要衡量参数。在茶叶质量条件不变时，与环境温度成反比，与空气中的蒸气压成正比。不同茶叶之间吸湿平衡含水率的关系是：末茶>碎茶>片茶。其测定必须在环境条件保持相对稳定的状态下进行。

茶叶平衡含水率：即茶叶表面和空气中的水蒸气分压相等时的茶叶含水率。茶叶平衡含水率是茶叶干燥和储存的重要参数。

茶叶临界含水率：是指在干燥茶叶的过程中，由等速干燥转入降速干燥的瞬间，即水分从茶条内部向外扩散速率与叶表水分蒸发速率平衡时茶叶的平均含水率。如果干燥速率增加会使干燥速率更早的减少，所以临界含水量就会增加，物料薄会使临界含水量减少，因为干燥速率更多的由界面控制，而内部控制较少，所以恒速时间里干燥掉的水分更多。

（二）科学选择与使用茶具

1. 不同的茶叶选择不同的茶具

绿茶形美、色绿，茶水冲泡时茶叶上下沉浮飞舞，观赏性强，适合用玻璃杯作茶具；红茶汤色红艳，滋味甘醇，可选择白色内釉的盖碗作茶具，这样可观赏红色茶汤，如果选择内釉带颜色的瓷器，汤色则会发生变化，青茶（乌龙茶）适合选择紫砂茶具，因为同样水量，青茶投茶量大，冲泡后紧实的青茶干茶叶片迅速膨胀，不易外溢。紫砂壶泡茶透气性好，即使夏季隔夜茶，茶叶也不易变馊。高香的茶叶适合用窄口杯或高杯，这样聚香效果好，如细长闻香杯。

图 4-1　茶叶的沉浮

2. 不同的季节选择不同的茶具

夏天炎热，为了散热快，泡茶一般选择敞口杯或斗笠杯，这样可以增大液体的表面积，使茶水热量散发加快，达到快速降温的目的。冬天寒冷，为了保温，一般选择高足杯或细口杯，这样可以缩小液体的表面积，使茶水蒸发放慢，保存热量多。

3. 科学合理使用茶具

玻璃杯和陶瓷是使用量最广的泡茶器具，深受爱茶人士喜欢，但我们会发现冬天用沸水泡茶时，如果事先不温杯（壶），玻璃杯（壶）或朱泥紫砂壶的茶器容易破裂，这主要是由于冬天气温低，玻璃杯（壶）或朱泥紫砂壶内外受热不均，膨胀程度不一样导致炸裂。胎体很薄的朱泥紫砂壶或质量不过关的玻璃茶具更容易发生炸裂，有时躲避不及甚至会导致茶艺师被茶水烫伤或被炸裂的玻璃扎伤。因此，在泡茶时都要温杯、温（淋）壶，这不仅仅是为了洁具，主要还是为了保持杯内外和壶内外受热一致，提高茶具温度，一来避免泡茶水温被降低，二来也可以养护（保护）茶具。

图 4-2　紫砂壶身、壶嘴及壶盖上的气孔

茶百科

壶嘴高度与茶壶盖上的气孔

无论何种材质与样式的茶壶，我们会发现壶嘴和壶身的高度都是相同而且壶盖上都有个气孔。茶艺师在使用茶壶为客人倒茶水时，用手指按住出气孔，茶水止住；松开手指时，茶水就又流出，这其中包含什么物理原理呢？

通过物理学知识，我们知道这其中包含了连通器原理和大气压原理。

底部互相连通的容器，注入同一种液体，在液体不流动时连通器内各容器的液面总是保持在同一水平面上。当茶壶的壶嘴与壶身一样高时，装满茶壶的茶水就不会从壶嘴里溢出了，否则，茶壶里的水高出茶嘴，茶水就流出来了（扫码可观看视频，紫砂壶气孔的妙用，见150页）。

茶壶盖上开气孔为的是使壶内的气压与外界大气压强相等，茶壶倒水时，空气通过气孔流通，壶内外大气压相同，水就不断流出来。如果堵住壶盖气孔，就不能补充新的空气，壶中的空气，随着茶水的流出，体积变大，空气变得稀薄，气压下降。由于壶外的大气压强大于壶内的压强，壶口的水就被壶外的气压“顶”住了，水就不能倒出来了。松开按住气孔的手指，壶外的空气进入壶内，当壶内外的大气压强相等时，水又顺畅地流出来了（扫码可观看视频，紫砂壶盖气孔的妙用，见150页）。

图4-3　壶盖气孔的妙用

（三）茶叶冲泡过程中体现的物理学原理

在我国汉族地区，一般人们喝茶，习惯用开水冲泡，但边疆少数民族，特别是西北与青藏的牧民都有煮饮黑茶的习惯。这是为什么呢？我们都知道西北较之东南地区海拔高，气压低，虽然水已经烧开了，但沸点常在100℃以下，海拔8000米以上开水只能烧到72℃，海拔4000米以上开水只能烧到88℃，海拔2000以上开水能烧到95℃。因此，东南地区可以用100℃沸水冲饮黑茶，而高海拔地区牧民只能选择煮饮。因为只有这样，才能将茶置于相对较高温度下煮出茶的内在滋味，释放茶中内质。

茶百科

酥油茶的熬煮[①]

茶是藏区人民生活中不可或缺的生活必需品，藏民不论贫富，“每天至少饮茶五六次。藏族谚语有“汉族饭饱腹，藏家茶饱肚”之说，意思是说藏民饮茶就如汉人以饭饱腹一样。茶叶具有消食、止渴、去腻等特殊的功能，对于地处高寒、缺氧、干燥的青藏高原，以肉食、酥油、糌粑为主食的藏族人民来说，确实是不能一日无茶。因为，“以食腥肉之食，非茶不消；青稞之热，非茶不解”。对于藏民而言，茶叶具有驱寒、解乏、充饥、去腻、醒脑之功效，加之茶叶中含有维生素，可以减轻高原缺少蔬菜的不足。

藏民饮茶冲泡常采取熬煮的方式。西藏地区独具特色的酥油茶就是熬煮而成。酥油茶一般以黑茶为主料，藏语为“恰苏玛”，意思是搅动的茶。煮茶时，先将锅内盛上水，投入适量茶叶，用猛火煮开，再用小火慢慢熬煮，煮茶讲究火候，以茶叶呈深褐色，入口涩而不苦为好。熬茶时，需要放入适量的盐作调味用。这种方式熬煮出来的茶叫清茶，这是藏区饮茶最为普遍的饮茶形式。把熬煮好的清茶倒入一个专用的茶桶里，再加入酥油、鸡蛋和核桃仁等，然后用一个底部有带孔圆盘的搅拌棒在其中上下抽压，直到油茶充分融合，就可饮

① 参见中国农业百科全书编辑部《中国农业百科全书》（茶业卷），农业出版社1988年版，第226页。

用。熬煮好的酥油茶喝起来咸里透香，甘中有甜，它既可暖身御寒，又能补充营养。

二、茶艺师应具备的茶化学知识

茶叶中化学成分种类繁多，组成复杂，了解茶叶中的化学成分和特征有助于理解不同茶叶的颜色、香气、滋味的形成原因，懂得六大茶类制作和茶叶的氧化、陈化、转化的化学原理，掌握茶叶的基本功效。

一般来说，绿茶、红茶的品质随保存时间的延长而逐渐变差，容易出现陈化现象，尤其是绿茶更为明显。所以，高级绿茶常用锡罐来储藏。这是因为锡罐抗吸味性、氧化能力强、气密性好、隔热隔湿、阻光，罐体能够始终保持在一种恒温且偏凉的状态下，使茶叶既不变色、无异味，又不失芳香，是长期保鲜的最佳器皿。

茶百科

茶叶为什么会陈化①

在自然条件下，随着茶叶储存时间的推移，我们会发现茶叶的色泽、香气、汤色发生了变化，茶叶的色泽变得灰暗、香气减低、汤色暗浑、滋味平淡，这是因为茶叶发生了陈化现象。所谓陈化就是茶叶成分发生变化的一个综合表现，通常会使茶叶质量逐渐变差。茶叶之所以会陈化，最重要的原因是氧化作用的结果。首先由于酚类发生变化，其中有的成分由水溶性氧化为不溶性的化合物质，因而造成汤色显浑暗，滋味变平淡，芳香物质因氧化失去其芳香性，而使茶叶的香气减低，脂类成分经水解，产生游离脂肪酸，再经氧化并水解，会形成一种“陈味”。促使茶叶陈化的因素很多，如含水量增加，湿度的升高，包装不严，长期与空气接触或经过日晒等，都会显著地加速茶叶的陈化。

---

① 参见李建国《白茶新语》，文化发展出版社 2019 年版，第 88—90 页。

(一) 茶艺师应了解影响茶叶品质特征的化学成分

在品茶的过程中，我们会发现不同的茶叶其颜色、香气、滋味有很大的不同，茶汤的颜色有绿、黄、白、红、青等；茶叶的滋味有苦涩、香甜、鲜爽、醇厚；茶叶的香气有花香、果香、清香、陈香。茶叶中颜色、香气、滋味的不同都是由茶叶中化学成分决定的。

分析茶叶中的化学成分，首先要知道茶叶的干物质。所谓干物质，就是指茶叶除却水分后的物质，在茶树鲜叶中占比约为25%左右（水分在茶树鲜叶占75%左右)。茶叶的干物质主要是由有机物和无机物组成。有机物指的是有机化合物，也就是含碳化合物、碳氢化合物和衍生物的一个总称，是生命产生的一个物质基础。茶叶中的有机物，如茶多酚类、生物碱、蛋白质、氨基酸、维生素、果胶素、有机酸、糖类、酶类、色素等占茶叶干物质总量的95%左右。无机物即无机化合物，通常指的是不含碳元素的化合物，但包括碳的氧化物，以及硫化物、碳酸盐、氰化物、碳硼烷、羰基金属等。茶叶的无机物元素有钾、钙、镁、钴、铁、铝、钠、锌、铜、氮、磷、氟、碘、硒等27种，占干物质约5%左右。茶叶中的无机物，又分为水溶性和水不溶性两类。其中，水溶性部分约4%，水不溶性部分约1%。茶汤中阳离子含量较多而阴离子较少，属于碱性食品，可帮助体液维持碱性，保持健康。

1. 水分

水分是制茶过程一系列化学变化的重要介质。在制茶过程中，茶叶色香味的变化就是伴随着水分变化而变化的。因此，在制茶时，常将水分的变化作为控制品质的重要生化指标。茶鲜叶的含水量一般为75%～78%，鲜叶老嫩、茶树品种、季节不一，含水量也不同。一般幼嫩芽叶、雨水叶、露水叶、大叶种，雨季、春季的含水量较高，含水量最高可达84%。老叶、小叶、晴天叶、旱季叶含水量低。茶鲜叶由于含水量太高不便于后期工艺制作，因此需要经过萎凋、杀青、烘干的“走水”过程，直至最后制成干茶时，含水量应保持在6%以下，当干茶含水量高于8%时就会发霉，含水量达到12%时霉菌繁殖旺盛，会长出白毛并发出霉味。

茶百科

茶叶的“走水”

由于茶鲜叶的含水量高，不便于进行杀青、揉捻、塑形。因此，不论制作何种类型的茶叶，都需要有“走水”的过程。所谓“走水”，简单说就是茶叶中的水分挥发过程。从广义上来看，自采摘萎凋开始，一直到杀青，都是茶叶走水的过程。茶叶水走得好不好，直接关系茶的香气与滋味。

走水与脱水不同，脱水是快速失水，走水则是通过控制茶叶水分变化，控制茶叶物质转化，使叶片中的细胞膜透性增大，叶中所含酶类活性增强，叶子中的大分子物质降解为小分子物质；使不溶性物质分解为可溶性物质；使不易于人体吸收的物质转化为易于被人体吸收的物质。白茶和武夷岩茶的制作过程中的走水伴随着萎凋至干燥的全过程。白茶如果走水不到位，便进行干燥处理，在后期存储的过程中，芽心里面的水分往外扩散，茶叶会出现闷气，颜色发黄甚至霉变。岩茶如果走水不到位，就容易出现苦涩味、浊味和红茶味。

岩茶的关键技术是做熟（发酵）与做透（走水），走水又分萎凋中的走水（通过萎凋，让鲜叶含水分多的部位向含水分少的部位进行补水，使水分充分挥发，达到整体平衡），做青时的走水（在摇青工序中，通过摇青，梗和叶脉中的水分加速输送到叶面，再从叶面挥发掉）和挑剔后的走水（青毛茶挑剔后进一步的干燥，提纯初焙，俗称“走水焙”）。

2. 茶多酚

茶多酚又称“茶单宁”“茶鞣质”，是茶叶中多酚类物质的总称，包括儿茶素、黄酮类化合物、花青素和酚酸等四大类物质。不同的茶类，茶多酚的含量不同，绿茶最多。

茶多酚的含量占干物质总量的 20%～35%，易溶于水及乙醇，味苦涩。其中，儿茶素约占茶多酚总量的 60%～80%。它是决定茶叶色、香、味的重要成分。绿茶是未经发酵的茶，含儿茶素最多，半发酵的乌龙茶次之，全发酵的红茶，儿茶素含量则较少。儿茶素其氧化聚合产物茶黄素、茶红素等，对红茶汤色的红艳度和滋味有决定性作用。

黄酮类物质又称花青素，是形成绿茶汤色的主要物质之一，含量占干物质总量的 1%～2%。花青素呈苦味，紫色芽中花青素含量较高。如果花青素含量多，茶叶品质就不好，会造成红茶发酵困难，影响汤色的红艳度；花青素多还会造成对绿茶滋味苦涩、叶底青绿等弊病。酚酸是分子中具有羧基和羟基的芳香族化合物，是一类含有酚环的有机酸，有杀菌、提香、醒脑提神、美白肌肤、清热解火的功效。

茶叶中的有机酸、茶多酚和咖啡碱等物质都会在口腔中产生苦味，如果茶叶中其成分的含量合适，对味蕾的刺激也恰到好处时，苦味融化得比较快，表现在口感上就是先苦后甜。

3. 生物碱

茶叶中的生物碱包括咖啡碱、可可碱和茶碱。其中以咖啡碱的含量最多，约占干物质总量的 3%～5%。咖啡碱易溶于水，带有苦味，是构成茶汤滋味的重要成分。在红茶茶汤中，咖啡碱与多无酚类结合成为复合物；茶汤冷后，形成的乳化现象就是咖啡碱与茶叶中的多酚类物质生成的大分子络合物，是衡量红茶品质优劣的指标之一。咖啡碱的含量也与鲜叶细嫩程度、阳光、季节、工艺等因素有关。咖啡碱可作为鉴别真假茶的特征之一。

4. 蛋白质和氨基酸

茶叶中的蛋白质含量占干物质量的 20%～30%，能溶于水的蛋白质含量仅占 1%～2%。这部分水溶性蛋白质是形成茶汤滋味的成分之一。

茶叶中的氨基酸含量占干物质总量的 1%～5%，春茶中的氨基酸含量高于夏秋茶，细嫩茶叶中的氨基酸含量高于粗老茶，芽和嫩茎中的氨基酸含量高于成熟叶片，更高于老叶片。茶叶中的游离氨基酸已发现的有 20 多种，其中茶氨酸的含量要占氨基酸总量的一半左右，可见茶氨酸的重要性。

茶叶中的氨基酸主要有茶氨酸、谷氨酸、天门冬氨酸等 25 种以上，其中茶氨酸含量约占氨基酸总量的 50%以上。氨基酸中的茶氨酸是形成茶叶香气和鲜爽度的重要成分，对形成绿茶香气关系极为密切。氨基酸也是茶叶形成甜味的重要物质之一。

茶百科

安吉白茶为什么“鲜爽”好喝?

优质的绿茶都会有一种“鲜爽”的风味，而安吉白茶是其中的佼佼者。安吉白茶是产于浙江省安吉县的一款名优绿茶，因为白化现象而叫作白茶，但它实际是按照绿茶工艺制成的茶叶，所以属于绿茶类。安吉白茶外形挺直略扁，形如兰蕙；色泽翠绿，白毫显露。冲泡后，清香高扬，滋味鲜爽。饮毕，唇齿留香，回甘生津。安吉白茶之所以好喝鲜爽，没有一般绿茶的苦涩味，是因为它的茶氨酸含量高，茶多酚含量低导致的。我们知道茶叶的鲜爽和甜味主要来自氨基酸，茶叶的苦涩味主要是茶多酚和生物碱，低温生长的春茶蛋白质和氨基酸含量高，所以才有甘醇鲜爽的口感。高温生长的夏茶茶多酚含量高，所以苦涩味重。一般的绿茶芽叶，游离氨基酸含量占3%～4%，茶氨酸含量是其中的1%～2%，而安吉白茶中富含了人体所需的18种氨基酸，氨基酸含量在5%～10.6%，高于普通绿茶的3至4倍，茶多酚含量仅为10.7%左右，约为其他茶叶的50%，远少于其他的绿茶，这也就是安吉白茶为什么喝到嘴里没有苦涩味，滋味特别甘醇鲜爽的原因。

图4-4　安吉白茶

5. 糖类物质

茶叶中的糖类包括单糖、双糖和多糖。其含量占干物质总量的 20%～25%。单糖和双糖又称可溶性糖，易溶于水，以游离态存在于茶叶中，能增加茶叶的甜度，是组成茶叶滋味的物质之一，含量为 0.8%～4%。单糖是一类不能再水解的较简单的糖类物质，包括阿拉伯糖、果糖、葡萄糖、半乳糖和甘露糖。单糖为茶鲜叶细胞的快速增长提供能量，而茶鲜叶离体后，不能借助光合作用合成糖类物质，但呼吸作用仍在进行。此时，单糖为茶叶呼吸作用提供能量基质。双糖是由两个相同或不同的单糖分子缩合而成，主要有蔗糖、麦芽糖。

茶叶中的多糖（通常指由几百个甚至上千个单糖基组成）包括淀粉、果胶、纤维素、半纤维素和木质素等物质，含量占茶叶干物质总量的 20%以上。多糖不溶于水，是衡量茶叶老嫩度的重要成分。茶叶嫩度低，多糖含量高；嫩度高，多糖含量低。茶叶中的果胶等物质是糖的代谢产物，含量占干物质总量的 4%左右，水溶性果胶是形成茶汤厚度和外形光泽度的主要成分之一。多糖不仅为茶叶提供能量基质，在茶叶加工中，由于酶、热或氨基化合物的存在，多糖会发生水解作用（水解成单糖）、焦糖化反应（在没有氨基化合物存在时，糖类物质受高温作用发生脱水、缩合、聚合反应最后形成黑褐色物质的过程）及美拉德反应（在高温下，氨基与羧基共存时，生成单糖类、多聚色素及香气物质）。由于糖类物质在茶叶加工中发生反应，使得茶叶产生令人愉快的颜色和香气，但若过量又会产生焦煳气。在加工过程中，若茶叶经过高温时间过长，会出现煳点、爆点，不严重的情况会出现高火香，严重的情况会出现焦煳异味，对普洱茶现饮品质和后期转化都有影响。

6. 类脂类

茶叶中的类脂类物质包括脂肪、磷脂、甘油脂、糖酯和硫酯等，含量占干物质总量的 8%左右，对形成茶叶香气有积极作用。类脂类物质在茶树体的原生质中，对进入细胞的物质渗透起着调节作用。

7. 色素

茶叶色素包括脂溶性色素和水溶性色素两部分，含量仅占茶叶干物质总量的 1%左右。脂溶性色素不溶于水，有叶绿素、胡萝卜素等。它们对茶叶的色泽、汤色、叶底有较大影响，也与香味的形成有关。水溶性色素有黄酮类物质、花青素及茶多酚氧化产物茶黄素、茶红素和茶褐素等。脂溶性色素是形成干茶色泽和叶底色泽的主要成分。以绿茶为例：绿茶干茶色泽和叶底的黄绿色，主要决定叶绿素的总含量与叶绿素 a 和叶绿素 b 的组成比例。叶绿素 a 是深绿色，叶绿素 b 呈黄绿色，幼嫩芽叶中叶绿素 b 含量较高，所以干色多呈嫩黄或嫩绿色。绿茶、红茶、黄茶、白茶、乌龙茶、黑茶六大茶类的色泽均与茶叶中色素的含量、组成、转化密切相关。

茶百科

英语中的红茶为什么叫“黑茶”？

红茶因其干茶冲泡后的茶汤和叶底色呈红色而得名，但红茶的英文名却不叫“Red Tea”（红茶），而是“Black Tea”（黑茶），这是为什么呢？较为主流的说法是，英国人最先接触的红茶就是产于我国福建省崇安县桐木地区的正山小种。正山小种是世界上最早的红茶，也是我国最早出口到欧洲的红茶。1662年，正山小种流入欧洲，葡萄牙的卡特琳娜公主远嫁英王查理二世，把正山小种带到了英国王室，掀起了下午茶的风尚。正山小种外形条索肥实，色泽乌润，冲泡后汤色橙红明亮，滋味醇厚，香气高长，带松烟香。泡茶时，加入牛奶茶香不减，液色更为绚丽，因此，深受欧洲人喜爱，在 17 世纪风靡全球，至今已经有 400 多年的历史。

正山小种在加工的发酵过程中，茶叶中的叶绿素被大量破坏，产生黑褐色物质和茶多酚的氧化产物与茶叶中的蛋白质、果胶、糖等物质结合，使干茶色泽呈乌黑色，因此，英国人就按其色泽称为“Black Tea”（黑茶）。正山小种作为世界红茶鼻祖，其“Black Tea”的命名也就成为英语中红茶得名的由来。

图 4-5　正山小种

8. 酶类

酶，是一种蛋白质，在茶树生命活动和茶叶加工过程中参与一系列由酶促活动而引起的化学变化，故又被称为“生物催化剂”。茶叶中的酶较为复杂，种类很多，包括氧化还原酶、水解酶、裂解酶、磷酸化酶、移换酶和同分异构酶等几大类。酶蛋白具有一般蛋白质的特性，在高温或低温条件下有易变性失活的特点。各类酶均有其活性的最适温度范围，一般在 30℃～50℃范围内酶活性最强。酶若失活、变性，则就丧失了催化能力。酶的催化作用具有专一性，如多酚氧化酶，只能使茶多酚物质氧化，聚合成茶多酚的氧化产物茶黄素、茶红素和茶褐素等；蛋白酶只能促使蛋白质分解为氨基酸。茶叶加工就是利用酶具有的这种特性，用技术手段钝化或激发酶的活性，使其沿着茶类所需的要求发生酶促反应而获得各类茶特有的色香味。

酶能促进茶叶中的物质发生反应生成新的物质。按制法和品质，以茶多酚的氧化程度为序，把制茶分为绿茶、白茶、黄茶、青茶、红茶、黑茶六大类。从本质上看，各大茶类的制法主要是通过调控酶的活性，以把握其品质特性。

例如，制作绿茶就是利用高温钝化酶的活性，通过杀青阻断酶活性，制止由酶引起的一系列化学变化，形成绿叶绿汤的品质特点。红茶加工过程中的发酵就是激化酶的活性，促使茶多酚物质在多酚氧化酶的催化下发生氧化聚合反应，生成茶黄素、茶红素等氧化产物，形成红茶红叶红汤的品质特点。黑茶通过渥堆促进酶活性，白茶以自然萎凋顺应酶活性等。氧化还原酶、水解酶、裂解酶、磷酸化酶、移换酶和同工异构酶等几大类。

9. 有机酸

茶叶中有机酸种类较多，含量为干物质总量的3%左右。茶叶中的有机酸多为游离有机酸、果酸、柠檬酸、琥珀酸、草酸等。在制茶过程中形成的有机酸有：棕榈酸、亚油酸、乙烯酸等。茶叶中的有机酸是香气的主要成分之一，现已发现茶叶香气成分中有机酸的种类达25种，有些有机酸本身虽无香气，但经氧化后转化为香气成分，如亚油酸；有些有机酸是香气成分的良好吸附剂，如棕榈酸等。

10. 芳香物质

茶叶中的芳香物质是指茶叶中挥发性物质的总称。在茶叶化学成分的总含量中，芳香物质含量并不多，一般鲜叶中含0.02%。茶叶中芳香物质的含量虽不多，但其种类却很复杂，通常茶叶含有的香气成分化合物达300余种，鲜叶中香气成分化合物为50种左右；绿茶香气成分化合物达100种以上；红茶香气成分化合物达300种之多。组成茶叶芳香物质的主要成分有醇、酚、醛、酮、酸、酯、内酯类、含氮化合物、含硫化合物，碳氢化合物、氧化物等10多类。鲜叶中的芳香物质以醇类化合物为主，具有清香、花香等特性。成品绿茶的芳香物质以醇类和吡嗪类的香气成分含量较多。红茶香气成分以醇类、醛类、酮类、酯类等香气化合物为主，它们多是在红茶加工过程中氧化而成的。茶叶中不少芳香物质都具有镇静、镇痛、安眠、放松（降压）、抗菌、消炎、除臭等多种功能。

茶百科

茶的香型

茶叶的香气是一种混合物，迄今为止已鉴定的香气物质约有 700 多种，可分为 15 大类，分别为碳氢化合物、醇类、酮类、酸类、醛类、酯类、内酯类、酚类、过氧化物类、含硫化合物类、吡啶类、吡嗪类、喹啉类、芳胺类及其他。人们经常用豆香、鲜香和花香来描述茶叶的香型。其实，豆香不是茶叶自有的香味，而是来自绿茶炒青这道工艺，因此，豆香的香型属于工艺香，而鲜香、花香，才是茶叶自有的本味。茶叶的香型主要来自挥发性的酯类，花香是由茶叶所含有的芳香烃物质转化而成，鲜香则来自茶叶里所含有的氨基酸（名为茶氨酸）。

11. 无机化合物

茶叶中无机化合物占干物质总量的 3.5%～7.0%，分为水溶性和水不溶性两部分。这些无机化合物经高温灼烧后的无机物质称之为“灰分”。灰分中能溶于水的部分称之为“水溶性灰分”，占总灰分的 50%～60%。嫩度好的茶叶水溶性灰分较高，粗老茶、含梗多的茶叶总灰分含量高。灰分是出口茶叶质量检验的指标之一，一般要求总灰分含量不超过 6.5%。

（三）茶艺师应了解六大茶类制作过程中的化学成分转化

茶叶品质的形成与茶树品种、生长条件、栽培技术、加工工艺等众多因素有关。由于初制工艺的不同，茶鲜叶中的主要化学成分特别是多酚类物质发生不同程度的酶促氧化或非酶氧化，形成了六大类风格迥异的茶类。

1. 绿茶制作过程中的化学成分转化

绿茶是不发酵茶。绿茶的制作加工，一般是采摘鲜嫩的芽叶，通过高温杀青、做形、干燥而成。其中杀青是制作绿茶的关键工序，通过蒸汽（蒸青）、锅炒（炒青）、日晒（晒青）、热烘（烘青）等杀青工序，茶鲜叶中的蛋白酶得以破坏，阻止了茶多酚的氧化变红，保证了清汤绿叶的品质特征。

绿茶保留了鲜叶内的天然物质，其中茶多酚、咖啡碱保留了鲜叶的 85%以上，叶绿素保留 50%左右，维生素损失也较少，从而形成了绿茶“清汤绿叶，滋味收敛性强”的特点。

2. 红茶制作过程中的化学成分转化

红茶属全发酵茶，分为工夫红茶、小种红茶和红碎茶，由于制法不同，所形成的品质特征各异。

红茶加工工艺有萎凋、揉捻、发酵、干燥、烘焙。将采摘的鲜叶摊开使鲜叶失去水分的过程叫萎调，其目的是蒸发茶叶中的部分水分，使叶梗由脆变软，增加芽叶的韧性，便于揉捻成条，萎凋后的茶叶含水量控制在58%～62%。揉捻是将萎调后的茶叶人工揉成条状，适度揉出茶汁。揉捻的作用是破坏茶细胞，促使其氧化，为发酵创造条件。发酵是红茶的关键步骤，红茶在发酵过程中，茶多酚在多酚氧化酶的作用下被氧化、聚合、缩合，形成了影响红茶色泽和滋味的茶黄素、茶红素和茶褐素。茶黄素是红茶对红茶的色、香、味及品质起着决定性的作用。茶红素是红茶多酚氧化产物中最多的一类物质，是茶汤浓度的主体，收敛性较弱，刺激性小。红茶多酚类的氧化与聚合使有机酸含量增加，蛋白质不断水解形成氨基酸，增进了茶汤的鲜爽度。红茶在发酵过程中将含水量控制在58%～62%为宜。红茶干燥过程经过毛火和足火两道工序后，使红茶含水量控制在7%左右。

茶褐素是一类水溶性非透析性高聚合的褐色物质，主要组成是多糖、蛋白质和多酚类物质，是由茶黄素和茶红素进一步氧化聚合而成的一类暗褐色色素，和红茶汤色呈负相关。

茶百科

红茶的“冷后浑”现象

刚冲泡好的红茶，汤色本是橙红明亮的，但放凉之后却出现了浅褐色或橙黄色浑浊状态，这种现象俗称“冷后浑”。这是什么原因造成的呢？究其原因就是茶黄素、茶红素在作怪！茶黄素是指红茶中溶于乙酸乙酯呈橙黄色的物质，它是红茶滋味和汤色“亮”的主要成分，也是形成红茶茶汤“金圈”（茶杯边缘与茶汤接触处出现的金黄发亮的光圈）的主要物质，其含量越高，汤色明亮度越好。红茶特有的“冷后浑”现象与茶黄素和茶红素关系密切，其起作用色素主要是茶红素（约占86%），其次是茶黄素（约占12%）。在“冷后浑”的形成过程中，茶黄素和茶红素具有协调作用。在高温状态时，茶黄素和茶红素各自呈现游离状态，溶于热水当中，但当温度降低，茶黄素、茶红素和茶叶中其他的多酚类物质便与茶汤中的咖啡碱发生络合反应，从而形成了在较低水温下难以溶解的物质，使茶汤呈现出浑浊状态，这便是“冷后浑”的形成。一般认为，茶汤“冷后浑”出现较快、黄浆状较明显、乳状物颜色鲜明，汤质较好。

3. 黄茶制作过程中的化学成分转化

黄茶属微发酵茶。黄茶可以分为黄芽茶、黄小茶和黄大茶。品种有：君山银针、北港毛尖、蒙顶黄芽、远安黄茶等。

黄茶制作过程近似绿茶，只是在杀青揉捻后增加了一遍“闷黄”工艺。闷黄工艺使制品处于“闷热”的环境，从而造成茶多酚的自动氧化。在闷黄的过程中，高温高湿的环境造成儿茶素和黄酮类水解，闷堆中微生物胞外酶和胞内酶的催化，使少量多酚类物质发生氧化、缩合、聚合。湿热作用贯穿黄茶加工的全过程，长时间的高温闷堆使叶绿素大量降解，叶绿素在黄茶制造中的变化幅度近60%，胡萝卜素保留量较多，导致叶底与外形色泽黄变，形成了黄茶黄汤、黄叶的综合特征。

氨基酸对黄茶茶汤滋味和特征香气的形成具有重要作用。蛋白质的水解使氨基酸含量增加，氨基酸与儿茶素和糖类结合成香气物质。此外，黄茶通过热化，茶叶中的青叶醇（青草气味）大量挥发、转化，形成了黄茶清香柔和的气味特征。黄茶中糖类的变化主要是由于热化学作用和微生物酶的参与，变化的途径主要有多糖水解为双糖和单糖，非还原糖转化为还原糖，还原糖与蛋白质结合生成黑色物质，与氨基酸结合可形成特殊的焦糖香，因此，黄茶中茶汤喝起来鲜甜醇爽。

4. 白茶制作过程中的化学成分转化

白茶属微发酵茶，基本工艺过程是萎凋、晒干或烘干。白茶富含氨基酸、茶多酚、黄酮等物质，且具有越陈越香的特点，白茶分为白毫银针、白牡丹、贡眉、寿眉四种。

白茶制作工艺简单，不经杀青、揉捻，原料采摘回来后，自然通风干燥，至七八成干时再用文火干燥。白茶在加工过程中，萎凋时间很长，由于萎凋过程中细胞脱水，引起酶浓度增加和细胞膜的破损，多酚氧化酶活性增加，导致茶多酚的氧化。在活性酶的作用下，儿茶素部分氧化和异构化使得各儿茶素的比例发生了变化，酯型儿茶素水解为简单儿茶素，使得白茶茶汤苦涩味减轻，白茶滋味清醇。

白茶在萎凋过程中蛋白质在水解酶的作用下水解，游离氨基酸增加。氨基酸是鲜爽味的呈味物质，它在一定程度上增加了白茶的鲜爽度，也为后期干燥过程中香气的形成提供了基质。果胶在果胶酶作用下水解为甲醇与半乳糖。淀粉在淀粉酶的作用下水解成单糖与双糖。由于白茶微凋过程的化学变化，形成了其茶汤色黄亮，滋味醇爽，香气青醇的品质特征。

5. 青茶制作过程中的化学成分转化

青茶又名乌龙茶，为中国特有的茶类，属半发酵茶类。青茶分为闽南乌龙、闽北乌龙、广东乌龙、台湾乌龙四种类型。

青茶的基本工艺过程是晒青、晾青、摇青、杀青、揉捻、干燥，青茶结合了红茶和绿茶的制作工艺，形成了鲜明独特的品质。乌龙茶加工过程中晒青、晾青、摇青三个工序造成少量细胞破损，产生氧化、聚合作用，形成茶黄素、茶红素。不同品种的青茶其发酵度由低到高有所不同，其茶黄素、茶红素的比例也有所不同。青茶加工过程中的杀青、揉捻、干燥后三道工序加工原理与绿茶基本相同。

青茶是一种介于绿茶和红茶之间的茶叶，这种茶的原料与绿茶是从同一种茶树上采集的，但它在加工时经过了半发酵处理，使得加工好的青茶中间为绿色，边缘为红色，这种特殊的加工工艺使它具有了绿叶红镶边的特点。青茶的茶汤明亮橙黄成金黄色，是绿茶茶汤的清绿向红茶茶汤的厚亮红润的过渡，口味介于绿茶和红茶之间。

6. 黑茶制作过程中的化学成分转化

黑茶属后发酵茶，是中国特有的茶类，生产历史悠久，以制成紧压茶边销为主，因成品茶的外观呈黑色，故得名。黑茶按外形可分为黑毛茶（散茶）和紧压茶（砖茶、饼茶、沱茶、千两茶），紧压茶以黑毛茶为原料压制而成。黑毛茶制茶工艺一般包括杀青、揉捻、渥堆和干燥四道工序。黑茶主要产于湖南的安化县、陕西、湖北、四川、云南、广西等地。主要品种有云南普洱茶、湖南安化黑茶、湖北佬青茶、四川藏茶（边茶）、广西六堡茶，陕西泾阳茯砖茶等。黑茶具有“红、浓、陈、醇”的特征，产品普遍能够长期保存，而且有越陈越香的品质。

黑茶基本工艺流程为杀青、揉捻、渥堆、干燥。其中，渥堆是黑茶品质形成的关键性工艺。渥堆的实质是微生物通过胞外酶、微生物热和微生物自身代谢的协同作用，使茶叶内含物质发生极为复杂的化学变化，塑造了黑茶特征性的品质风味。

黑茶在湿热的作用下，叶绿素几乎全部降解为脱镁叶绿素和少量脱镁叶绿酸酯，类胡萝卜素中的β-胡萝卜素、叶黄素等也有较多降解。茶多酚部分氧化聚合形成水溶性的有色产物茶黄素、茶红素和茶褐素。残余的叶绿素、类胡萝卜素及其降解产物、儿茶素的氧化产物等与未氧化的黄酮类、氨基酸，糖类的缩合产物综合作用，形成了黑茶黄褐的外形、叶底色泽和汤色特征。

黑茶鲜叶中固有的挥发性香气成分和各种香气前导物（如糖类、氨基酸、脂肪、类胡萝卜素、萜烯苷类、儿茶素及其氧化产物等），在湿热作用和渥堆中微生物分泌的各种胞外酶作用下，发生转化、异构、降解、聚合、偶联等反应，形成了以萜烯醇类和酚类为主体的香气并产生了一般绿茶尚未检出的黑茶特征性香气成分。以茶多酚、氨基酸、糖、嘌呤碱为主体的茶叶滋味物质发生转化，使儿茶素和氨基酸总量减少，有机酸增加，综合协调形成了黑茶醇和微涩的口感。

三、茶艺师应具备的茶保健方面的知识

背景知识：“药食同源”的茶叶

从现有最早关于茶利用的历史记载看，茶的最早利用为药用，但从另外一些历史记载及中医考古发现分析，“药食同源”的情况应当也存在于茶树利用的历史上。茶的药用和食用并重，后来才发展到以作饮料为主。在药用方面，古人最早是把茶鲜叶直接当作药来食用的，后来从单一的以茶作药治病，发展

到一系列含茶的中药配方，创造了无数茶疗药方。服用方法也从直接食用茶鲜叶，发展到煮饮，研末外敷、制作药枕等多种应用方式，并创造了一系列茶疗、茶膳，促进了茶医疗和茶保健的发展。

（一）认识茶的保健功效

传说中，神农氏发现了茶的解毒作用，此后茶叶的药用性和食用性一直为人类所利用。随着化学和医药科学的进步，茶叶的许多重要药用功能得到了确证，并进一步揭示了各种茶含成分的许多功效。茶医学就是利用现代科技和古代传统相结合而发展起来的新型医学门类。

茶叶有很好的医疗效用，唐代即有“茶药”；宋代林洪的《山家清供》中，也有“茶，即药也”的论断。古人认为茶至少有以下功效：少睡、安神、明目、清头、止渴生津、清热、消暑、解毒、消食、醒酒、减肥、下气、利水、通便、治痢、去痰、祛风解表、坚齿、治心痛、疗疮治瘘、疗饥、益气力、延年益寿、杀菌、治脚气。

20 世纪 80 年代以前，茶医学研究主要是对茶提取液的疗效试验，80 年代以后，较多地集中在对茶叶中茶多酚类、儿茶素、氟等成分的药理功效及其作用机理的研究，其中对茶多酚类的研究获得重大突破，研究结果明确了茶多酚类具有抗肿瘤、抗衰老等医学功能，以及它们的抗氧化、清除自由基的作用机理。明确了茶多糖在糖尿病治疗上的作用。茶色素对心血管疾病的疗效，茶叶中的氟对龋齿的预防和治疗作用也得到了证实。

1985 年以后，茶与健康关系的研究在世界各地广泛开展，研究对象从绿茶扩展到红茶、乌龙茶等，从整茶提取物发展到茶的各种内含成分，如儿茶素、茶多糖、茶氨酸等。许多更深入的基础研究成果，包括各种茶叶成分在人体内的代谢动力学研究、药理和生理学研究、毒性试验等，使全世界重新认识了茶的医学功效。如今，茶已被公认为 21 世纪的健康饮料。

目前，涉及茶或茶提取物的应用领域已大大延伸到作为食品添加物、保健食品、日用化工品、制药、化妆品等领域。其中，在医疗保健方面的应用更为深入，开发出的产品丰富多彩。

（二）认识茶叶中的营养成分与功效

茶不仅富含营养，更具备多种功能的药效成分，诸如茶多酚、咖啡碱和脂多糖等。

1. 茶多酚

茶多酚是茶叶中有保健功能的主要成分之一，一种存在于茶叶中的多元酚美混合物。白色固体，溶于水和有机溶剂，易被氧化。通常由绿茶（干叶中含量约 25%）经水萃取分离及纯化制得。具有降低血清总胆固醇、血糖、血压，抑制动脉硬化、消炎及抗氧作用。

2. 氨基酸

大部分氨基酸是组成蛋白质的成分，因此饮茶可以获得一定量的氨基酸，成为补充人体营养成分的一部分。茶氨酸是氨基酸，但茶氨酸不是组成蛋白质的氨基酸，因此，它不能算是营养成分。但近些年来，科学家们对茶氨酸的药效功能进行一些研究之后，发现茶氨酸的药效作用也是多方面的，如提高脑神经传达能力、保护神经细胞、镇静作用、提高记忆力、减肥、护肝、抗氧化增强免疫功能等。

3. 咖啡碱

咖啡碱是一种无色针状结晶，微带苦味，是影响茶叶品质的主要因素，同时也是一种中枢兴奋药，它能促使人体中枢神经兴奋，增强大脑皮质的兴奋过程，起到强心提神的效果。

咖啡碱对人体有多种功效，能促进其血液循环；刺激肾脏，促使尿液迅速排出体外，排除尿液中的过量乳酸，减少有害物质在肾脏中滞留的时间，有助于使人体尽快消除疲劳之感；还可刺激胃液的分泌，从而促进消化，尤其是促进含蛋白质类食物的消化，消脂减肥。

4. 茶多糖与脂多糖

茶多糖和脂多糖是茶叶中诸多碳水化合物的一种。中国民间有采用粗老茶治疗糖尿病的传统，现代研究得知，粗老茶中具有降血糖作用的有效成分是茶叶多糖。茶叶中多糖化合物的含量约为 5%左右，粗老茶比细嫩茶含量高。茶多糖主要由葡萄糖、阿拉伯糖、核糖、半乳糖等组成。茶多糖的功效主要有降血糖作用、降血脂作用、抗辐射等作用。

5. 纤维素

茶叶中纤维素的含量为10%～15%。人体每天需要摄取25至35克纤维素。纤维素具有帮助消化、通便、解毒、减肥、美容等功效，但茶汤中不能获得纤维素，只有吃茶渣或喝末茶、吃茶粉才能获得有效的纤维素。所以用各种粒度很细的茶粉添加于食品中，然后食用是获得纤维素的好方法。

6. 色素

茶叶中的色素有水溶性色素和脂溶性色素两类。茶叶中的脂溶性色素主要是叶绿素和胡萝卜素。叶绿素能刺激组织中纤维细胞的生长，促进组织再生，能加速伤口愈合。叶绿素还能治疗溃疡，对消化道的炎症有良好的辅助疗效。叶绿素抗菌作用明显，能抑制金黄色葡萄球菌、化脓链球菌的生长。茶叶中的胡萝卜素的含量为16—30mg/100g，胡萝卜素具有抗氧化能力，在体内可分解为维生素A，对维持人体的正常视力有帮助。

7. 维生素

茶叶中富含多种维生素，其含量占干物质总量的0.6%～1%。维生素类分水溶性和脂溶性两类。脂溶性维生素有维生素A、维生素D、维生素E和维生素K等。其中，维生素A含量较多。脂溶性维生素不溶于水，饮茶时不能被直接吸收利用。水溶性维生素有维生素C、维生素B_1、维生素B_2、维生素B_3、维生素B_5、维生素B_{11}、维生素P和肌醇等。其中，维生素C含量最多，尤以高档名优绿茶含量为高，一般每100克高级绿茶中含量可达250毫克左右，最高的可达500毫克以上。特级龙井茶中维生素C含量可高达300—500mg/100g。可见，人们通过饮用绿茶可以吸取一定的营养成分。

维生素C具有抗氧化功能，能增强人体的免疫功能，预防感冒，促进铁的吸收，有防癌、抗衰老、防治坏血病的作用。

8. 皂甙

茶叶和茶籽中都含有皂甙化合物，具有提高免疫功能、抗菌抗氧化、消炎、抗病毒、抗过敏等功效。

9. 矿质元素

茶叶中的矿质元素相当丰富，磷、钾含量最高，钙、镁、铁、锰、铝次之，铜、锌、钠、硫、硒、氟为微量元素，人体必需的24种矿质元素。

茶百科

老白茶的药效[1]

白茶有“一年为茶，三年为药，七年为宝”之称。老白茶也叫白金茶，是指储存多年的白茶。白茶经过多年存放，香气逐渐减少，汤色也会变红。但滋味变得更加醇和，其多酚类物质不断氧化，转化为更高含量的黄酮、茶氨酸和咖啡碱等成分，茶性也会从凉性转为温性。白茶性凉，具有清热净火、消暑解毒功效，此外，还有健胃消食、健齿明目及“三抗三降”功效。老白茶中含有一定量的膳食纤维，适量饮用可以增加胃肠道蠕动速度，并能促进消化液分泌和刺激食欲，可帮助消化，改善腹胀和便秘等问题。老白茶中所含的活性物质较为丰富，适当饮用能够起到清新口气的作用。老白茶中含有大量维生素A，可以预防干眼症、夜盲症，起到养眼护眼的作用。老白茶的“三抗三降”效果，是指可以降血压、降血脂、降血糖，并能抗辐射、抗氧化和抗衰老作用，老白茶对防治心脏病和中风，改善糖尿病也有一定作用。

（三）茶叶与健康

现代学者研究饮茶的作用主要包括以下几个方面。

1. 饮茶在美容方面的作用

(1) 饮茶可以美容

因茶叶中含有各种维生素，常饮茶可以使人的皮肤健康。饮茶能美容祛斑：绿茶等茶类中富含儿茶素，可有效淡化和祛除黄褐斑，具有美容功效。作为还原剂，茶叶中的茶多酚可抑制能造成皮肤发黑，以及可形成雀斑、黄褐斑和老年斑的酪氨酸酶和过氧化氢酶的活性，从而有效抑制黄褐斑的产生。因此，爱美的女士坚持喝茶或用茶水敷脸，具有美容祛斑作用。

(2) 饮茶可防皮肤瘙痒

皮肤瘙痒多为体内锰元素缺乏引起，而茶叶中含有丰富的锰，经常饮茶可

---

① 参见秦梦华《第一次饮白茶就上手（图解版）》，旅游教育出版社 2015 年版，第 52—54 页。

有效补充锰的不足，有助于防止皮肤瘙痒。

(3) 饮茶能抗衰老

茶的抗衰老作用是因为茶叶中含有各种维生素和多种氨基酸，常饮茶可防止维生素缺乏。茶叶中的维生素 E、维生素 C 和茶鞣酸，有防止人体老化的作用。如日本茶道人士多高龄长寿，这与他们经常饮茶有密切关系。

2. 饮茶具备防治某些病症发生的作用

(1) 饮茶可明目

茶叶中含有的维生素 B_1、维生素 B_2、维生素 C 及维生素 A 等，是维持眼部生理功能不可缺少的物质，所以，饮茶对眼睛可起保健作用。另外，茶叶还可外用，如用 25 克绿茶煎汁，澄清后用于洗眼，对烂眼边和红眼病等，均有较好的疗效。

(2) 饮茶可缓解头痛

茶叶能缓解头痛，主要在于茶有安神镇静的作用，茶叶中含有的咖啡碱可以防治失眠、头痛，使人思维清晰、消除睡意、恢复体力、改善脑血循环。

(3) 饮茶可坚齿防龋

茶叶是含氟量较高的饮品，而氟具有防龋、坚齿的作用，因此，饭后饮茶或以茶漱口，不仅能清洁口腔，而且可以防龋齿，粗老茶叶的含氟量高于芽和茶嫩叶，因此，从防治龋齿的效果来说，宜饮用低档茶，既经济又实惠。

(4) 饮茶可预防骨质疏松

研究表明，茶叶中含有丰富的锰，长期饮茶可补充人体锰的不足，促进骨骼的密度、硬度和韧性增加，因此老年人饮茶是十分必需的，是预防骨质疏松的有效方法，尤其饮用红茶更为有效。

(5) 茶叶可防治菌痢

研究证明，中医的泄泻（多属于急慢性肠炎）、菌痢、霍乱，用茶叶浸剂或煎剂治疗均有疗效，平时适量饮茶，能起到预防胃肠道传染病的作用。

(6) 饮茶可防治胃炎

寄生在胃黏膜中的螺杆菌在人体抵抗力下降时引起胃痛，甚至会导致慢性胃炎。经常饮茶会明显减少幽门螺杆菌的感染，还可预防胃炎和保护胃黏膜的作用，对消化道溃疡也有一定疗效。

（7）饮茶可保护肝脏

茶叶中的茶多酚具有抗菌、抗病毒等作用，还可有效改善肝脏炎症和肝纤维化的作用，茶多酚可通过降低过氧化物来促进肝功能的恢复。饮用绿茶不仅能降低乙型肝炎的发病率，还可降低丙氨酸氨基转移酶，因此，饮茶可保护肝。

（8）饮茶可降血压，防治冠心病

饮茶不但能降血压，而且对动脉硬化、冠心病等也有一定的治疗和预防作用。每天饭后适度饮淡茶，可促进新陈代谢和血液流通，有利于高血压病的防治。

（9）饮茶可防治糖尿病

研究表明，茶叶中含有的多糖类和氨基酸，可促进胰液的分泌，从而降低血糖，饮淡茶对慢性糖尿病具有显著疗效，方法是用开水冲泡或用凉开水浸泡的茶饮后可防治糖尿病。

（10）饮茶可预防脑血管疾病

脑血管疾病若治疗不及时可致半身不遂。此病包括脑栓塞、脑血栓形成及脑出血等，饮茶可改善血液循环，抗凝和促进纤维蛋白质溶解，有预防脑血栓形成，减少脑出血的作用。因此，坚持饮茶，以饮绿茶，青茶（乌龙茶）为主，既可强身、抗衰老，又可预防脑血管疾病的发生。

（11）饮茶可助消化、减肥、降血脂

茶是一种帮助消化与调节脂肪代谢的饮料，其最可称道的还是消油腻与解膻腥。茶叶（以绿茶为佳）由于含有多种有效成分，有较好的减肥、降血脂功效，及预防和治疗动脉硬化等。

（12）饮茶有抗癌作用

喝茶不但可减少体内致癌物亚硝基化合物的形成，而且能明显抑制亚硝基化合物的致癌作用，此外，饮茶可以抗癌，这是因为茶多酚或红茶多酚进入人体后能与致癌物结合，使其分解，从而降低致癌活性，抑制癌细胞生长。茶多酚含量越高，其抗癌作用越强，其中绿茶抗癌效果最佳。

3. 饮茶的其他作用

饮茶可解烟毒和酒毒。

为保护人体健康，提倡吸烟者和被动吸烟者坚持饮茶，可以补充维生素C和保护血管等效果，对减轻香烟的毒害作用是有益的。

茶含有茶鞣酸，能解烟绒和酒精，茶的利尿作用有助于醒酒和解除酒精毒害，使毒素从尿中排出。但是，酒后不适宜饮浓茶。

（四）饮茶的常见问题

1. 儿童不宜饮茶

据资料显示，南方茶区的孩子从两三岁就开始喝茶了，但小孩子饮茶不能等同于成人，孩子正在生长发育的时期，五脏功能不强，不宜饮用浓茶，过浓的茶叶中咖啡因含量过高，饮用过多会使人过度兴奋，导致小便增多，损伤肾脏。

2. 处于“三期”的女性不宜饮茶

处于“三期”（经期、孕期、产期）的妇女不宜饮茶。这是由于饮茶会影响钙质和铁质的吸收。当钙质大量流失时，会导致女性情绪波动，脾气暴躁。此外，茶叶中的多酚类会与身体内的铁离子发生络合反应，使铁离子失去活性，容易引起女性贫血。茶叶中含有的咖啡碱对神经和心血管都有一定的刺激作用，这对处于“三期”的女性有不良影响。

3. 老年人不宜大量饮茶

患有骨质疏松和关节炎的老年人不宜大量饮茶。脾胃虚寒者不要饮浓茶，尤其是绿茶。绿茶性偏寒，对脾胃虚寒者不利。浓茶中茶多酚、咖啡碱含量较高，它们对肠胃的刺激较强，脾胃虚寒者应尽量避免饮用。脾胃虚寒者可以喝些性温的茶类，如红茶、普洱茶等。

4. 贫血者不宜多饮茶

饮茶对膳食中非血红素铁的吸收有明显的抑制作用。茶对铁吸收的抑制作用，是由于茶叶中鞣酸与铁在消化道内形成不溶解的鞣酸铁。从防治缺铁性贫血的角度来看，贫血病人要酌情控制饮茶量。

5. 服用药物时忌饮茶

中医主张服用中药时应当忌茶，其根据在于茶中的咖啡碱、茶碱、可可碱等，可与某些药物成分发生作用，影响药性发挥，减低药物疗效，服用某些西药不能饮茶或不能用茶水送服也是这个道理，因此，除医生指定的以茶水送服的药物外，服用一切中西药物，最好都不要以茶水送服或吃药后立即饮茶。

6. 临睡前不宜饮茶

不要在临睡前饮茶。这对初期饮茶者、有神经衰弱或失眠症的人更为重要。茶叶中的咖啡碱、生物碱有兴奋中枢神经的功效，很多人睡前饮茶后，入睡变得非常困难。如果饮茶者睡前饮用不影响睡眠，可适当饮用。

7. 进餐前后一小时不宜大量饮茶

在进餐前或进餐中，少量饮茶并无大碍，但若大量饮茶或饮用过浓的茶，会影响很多常量元素（如钙等）和微量元素（如铁、锌等）的吸收。饭后立即饮茶，茶叶中的鞣酸会与蛋白质合成不易被消化的鞣酸蛋白质，使肠道蠕动减慢，造成便秘。同时，茶叶中所含的茶多酚会与人体内的铁离子络合，生成不溶性的物质，阻碍肠黏膜对铁的吸收，从而导致缺铁性贫血，影响身体健康。应特别注意的是，在喝牛奶或其他奶类制品时不要同时饮茶。茶叶中的茶碱和丹宁酸会和奶类制品中的钙元素结合成不溶解于水的钙盐，并排出体外，使奶类制品的营养价值大为降低。

8. 每日饮茶不超过 18 克

有些人认为，每日大量饮茶才能起到保健作用。其实，茶叶功效的体现是一个慢性的、长期的、持续的过程。实践表明，低浓度、适量、长期的饮茶效果最佳，而高浓度、大量的“速效”饮茶法，不仅难以收到效果，还会起到相反作用。

9. 醉酒后不宜饮浓茶

人们总会陷入一些误区，虽然茶碱、咖啡碱可以抑制烟碱、酒精的作用，但是在醉酒后饮用浓茶不仅不能起到解酒养生的功能，反而会起到负面作用。浓茶里的咖啡因会使人的心跳加速，造成心脏的压力。

10. 茶水不能服药

能否茶水服药，不能一概而论，多数情况下，不主张，尤其是一些补药、中药和含铁、铝的西药。因为茶中的多酚类物质会结合铁、铝形成沉淀，影响药效。在没有凉开水的情况下，用牛奶、豆浆等液体服药，也是非常错误的。

因为像牛奶这些含丰富蛋白质的物质，蛋白质会包裹药物，影响药物吸收。

11. 不饮用隔夜茶

隔夜茶茶叶中的有机物会滋生细菌。放置过久的茶汤，维生素 C 和其他营养成分会逐渐氧化而减少或消失，茶中的蛋白质、糖类等会变成细菌、霉菌繁殖的养料。人喝了这种隔夜茶汤，会出现胃肠反应，如恶心欲吐、胃痛不适、消化不良等，影响身体健康。

长期饮茶，茶叶中的多酚类氧化物附着在牙齿表面，若不及时正确地刷牙，牙齿会逐渐变黄，像茶壶、茶杯上的“茶垢”一样。但是茶壶、茶杯上的茶垢亦像牙齿一样，用牙刷牙膏，可以去除。但是长期的喝浓茶和抽烟，会加剧牙齿变黄，很难清除，因此，建议广大饮茶者饮茶后可漱口，以保持牙齿的整洁和口腔健康。

第五部分
茶艺师的科学泡茶技法

中国茶艺与茶文化源远流长，茶艺师在日常泡茶过程中，积累了丰富的茶理知识，对于茶叶冲泡有许多实践经验。面对不同的茶类，如何科学冲泡一杯茶，是一名优秀茶艺师的核心技能。

一、科学选茶

茶叶中含有许多活性成分，如茶多酚及其氧化物、茶氨酸、茶多糖、咖啡碱等，对人体健康具有诸多益处。目前，根据市场上不同的生产工艺和品质特征，一般可将茶分为绿茶、白茶、黄茶、青茶（乌龙茶）、红茶、黑茶六大类别以及再加工茶。根据发酵程度分，绿茶属于不发酵茶；白茶、黄茶属于轻微发酵茶；乌龙茶属于半发酵茶；红茶属于全发酵茶；黑茶属于后发酵茶。茶叶的发酵主要指的是其中内含物质茶多酚在制作或存放过程中的转化。

（一）茶叶选购要品鉴

按照采摘标准和制作工艺的不同，茶叶的质量等级一般可分为特级、一级、二级、三级等。等级不同，品质和价格存在差别。选购时，要在大型商场、正规茶店等有保障的渠道购买，在购茶时，可从茶叶的外形、色泽、香气、滋味和汤色五个方面评判质量。

好茶的外形可看茶叶色泽、条索、叶片形状是否完整、洁净；茶叶的色泽都有其自身品质的特点，例如安溪铁观音色泽砂绿，而龙井茶带有糙米色；茶香是由茶叶中的芳香物质产生的，总体来讲有品种香、工艺香、地域香，确认完茶香后，再看茶香的持久度；茶叶的滋味是由几十种呈味物变化的综合反应，带有刺激性涩味物质的是茶多酚，苦味物质是咖啡碱和花青素等，鲜味物质由氨基酸提供，甜味物质主要是可溶性糖和部分氨基酸，好茶饮后的感觉醇正、幽香、回甘；汤色是茶叶冲泡后所呈现的色泽，分正常色、劣变色、陈变色三种，制作得当的茶汤色泽明亮、晶莹剔透。

茶百科

如何辨认“香精茶”和“染色茶”

为了使茶叶卖相好或给陈茶增香，有些不法商贩会在茶叶里添加染色剂或喷洒香精，茶客饮用了这两种茶，不仅对身体无益还会有损健康，那么如何辨认香精茶和染色茶呢？下面教大家一些妙招儿。

辨别香精茶可采用以下两种方法：第一种方法是把香精茶放在吸水性较好的纸上按压，纸上就会出现斑斑点点的油迹，这种茶叶很可能是香精茶，因为正常花茶一般不含“油”。第二种方法可采用冲泡的方法来辨认：首先将茶叶投入杯中，向茶杯倒入1/5的开水，然后闻香气，如果有刺鼻浓烈的杂味，就有可能添加了香精。如果第一泡香气浓，第二泡、第三泡没有了茶叶的香气，也很有可能是添加了香精。

染色茶外表往往显得过于鲜艳，最简单的鉴别方法是用大拇指和食指蘸清水后，取一两片茶叶，轻轻搓捏，如果手指很快留下明显的色迹，则是上过色的茶叶。或者将这种茶叶冲泡后，如果汤色刚开始较为正常，放置一段时间后有比较明显的分层现象，则说明很可能是染色茶。

（二）茶叶包装看标识

我国茶叶种类繁多。选购时，可以通过看茶叶包装上的标签、标志是否齐全进行辨别，如名茶的地理标志保护产品标志、绿色食品茶和有机茶国家认可的标志。地理标志产品，是指产自特定地域，其所具有的质量、声誉或其他特性在本质上取决于该产地的自然因素和人文因素，经审核批准以地理名称进行命名的产品。名茶的地理标志保护产品标志其作用相当于茶叶的防伪标签，绿色食品茶是由专门机构认定、使用绿色食品标志的产品。绿色食品为AA级和A级，AA级绿色食品茶与有机茶要求相近，在生产过程中不得使用化学合成物质。A级绿色食品可使用化肥、农药等化学合成物质，但有严格的标准。

正规销售的茶叶在包装上必须有QS标志等。经销商如果没有取得QS认证资格，是没有资质对茶叶进行包装出售的。QS标志可以通过国家质检总局官方网站的食品质量安全市场准入信息系统查询该QS号是否存在，以及登记的企业信息是否和外包装上标注的信息一致。

图 5-1　质量安全标志

图 5-2　绿色食品标志

图 5-3　地理标志保护产品标志

（三）茶类选择看季节

气候季节是影响人们生活方式的重要因素，饮茶须根据一年四季气候的变化来选择不同属性的茶。夏日炎炎，宜饮绿茶，因为绿茶性凉，饮上一杯清凉的绿茶，可以驱散身上的暑气，消暑解渴。冬季，天气寒冷，饮一杯味甘性温的红茶，或发酵程度较重的乌龙茶，可给人以生热暖胃之感。因此，在中国有茶要择时而饮，不宜盲目饮用的讲究。常言道：春饮绿茶、夏饮白茶、秋饮花茶、冬饮红茶或乌龙茶。如此安排四季饮茶，可显著提高茶叶对人体健康的效益。

茶百科

什么是绿色有机茶

有机茶是一种在没有任何污染的产地按照有机农业生产体系与方法生产出鲜叶，在加工、包装、贮运、销售过程中不受化学物品等的污染，并经有机食品认证机构审查颁证的茶叶。有机茶属于真正纯天然、高品位、高质量的健康饮品，代表了今后茶叶生产的发展趋势。我国茶叶按品质高低分为绿色有机茶、绿色食品茶、无公害茶、一般常规茶。绿色有机茶叶是一种无污染，纯天然的茶叶，是茶叶中最高品质的代表，因此它需经过有机食品颁证组织严格的生产加工认证。有机茶和无机茶的区别主要体现在以下方面：

一是，普通茶叶的种植过程中通常会使用农用化学品，如化肥、农药，而有机茶禁止使用任何农用化学品和所有人工合成的助剂，只用有机肥（如羊粪）和物理性纯植物农药来杀虫。

二是，普通茶一般对最终产品进行质量审定，不考虑或少考虑中间环节；而有机茶在生产、加工、运输、贮藏等各个环节都会受到审查。

三是，有机茶如果质量有问题，可以通过有机茶的质量跟踪系统，追踪任何一个环节，而普通茶很难做到。

二、合理备具

最早的茶具是由酒具、水具、食具演变而来的。从在马王堆中出土的“君幸酒”耳杯中可以知道，当时“杯”这种容器已经出现了用途上的分工，虽然它们在形状上完全相同。因此有人推断，当时已经有了专门用来饮茶的杯子。另外，从后来的茶具形式上看，也可以得出早期的酒具、食具有兼做茶具的结论。

（一）泡茶用具

1. 盖碗

盖碗是用来泡茶的常用器具，上有盖、下有托、中有碗。盖碗又称“三才杯”，盖为天、托为地、碗为人，暗含天地人和之意。盖碗具有便捷、不吸味、散热快、实用、高雅而优美等优点。盖碗在实际运用中，可以冲泡各类茶，适用性较广泛，以江西景德镇出产的品质为优。

茶百科

盖碗的产生

传说唐宣宗时，有女子好饮茶，但又怕茶碗烫手，就把茶碗放在一个盘子里，为防止茶碗滑动，就用蜡油将茶碗粘住，后来有人将这个创意做成了带托的茶碗。这一传说说明带托茶碗出现的年代，也说明当时有不带托的茶碗。这种有带托的茶碗发展到后来就成了明清时流行的盖碗茶。

图 5-4　盖碗

2. 茶壶

用来泡茶的常用器具，材质多为瓷质、紫砂或者玻璃。紫砂壶具有透气性好、保温性能好、吸附茶汁等特点，常用于需要高温水冲泡的茶叶；紫砂壶在使用过程中，需要做好清洁保养工作，紫砂壶出产于中国江苏省宜兴市丁蜀镇，有较高的收藏价值。茶壶主要由壶盖、壶身、壶底、圈足四部分组成，在壶身上还有把和嘴，壶盖上还有钮。泡茶时，茶壶大小依饮茶人数多少而定。此外，还有石茶壶、脱胎漆茶壶等。

图 5-5　紫砂茶壶

3. 茶杯

在日常生活中，瓷杯或者玻璃杯是普通家庭选择最多的茶具，但这种器皿的选择，对茶叶种类的选择限制性比较强，多用于低水温冲泡的绿茶、黄茶和白茶。所以，从科学饮茶的角度，绿茶、黄茶、白茶这类茶，需用80℃左右的低温水冲泡，而且建议短时间内饮用，可以用瓷杯或者玻璃杯冲泡。

图 5-6　玻璃杯

4. 飘逸杯

飘逸杯是根据现代工业技术与泡茶原理设计出的与传统冲泡用具有别的现代泡茶用具。同一杯组可使茶叶、茶汤分离，并自动过滤，能避免因茶叶在杯中浸泡过久而使茶汤过浓以至于苦涩的不足，同时简化了泡茶的过程，适合在办公室等场合使用，便于享受到口感均匀合适的茶汤。

图 5-7　飘逸杯

（二）分茶用具

公道杯

公道杯又称“茶盅”，是用来分茶的器具。茶叶冲泡完毕以后，可将茶汤倒入公道杯中，使茶汤均匀，斟茶时无富贵贫贱之分，倒的是同一把壶中泡出的同浓淡的茶汤，寓意众生平等。

图 5-8　公道杯

（三）品茶用具

1. 品茗杯

品茗杯主要是用来品饮茶汤，材质多样，涵盖陶器、紫砂、瓷质、玻璃等。品茗杯可以依据主人的喜好、使用场合以及人数等条件来选择。

图 5-9　品茗杯

2. 闻香杯

闻香杯一般用于冲泡乌龙茶时使用，闻香之用。闻香杯比品茗杯细长，多与品茗杯搭配使用。闻香杯不用于喝茶，它是供品茶者嗅闻留在杯中余香的一种用具。闻香杯的大小和质地要与茶杯相配套。闻香杯多用紫砂陶制作而成，也有用瓷器制作的。

图 5-10　闻香杯

（四）赏茶、备茶用具

1. 茶荷

茶荷是用于盛放待泡茶的器具，用于置茶，还可以用来赏茶。茶荷的形状以有引口的半球形为主，质地多为瓷质；随着茶具的不断发展创新，也有竹制茶荷被广泛应用。

图 5-11　茶荷

2. 茶叶罐

茶叶罐是用来存放干茶的器具。其主要作用是盛放茶叶，避免茶叶变质，茶香挥发等。从质地上来说，一般有铁质、锡质、陶瓷、玻璃等。

图 5-12　茶叶罐

（五）备水用具

备水用具形式多样，常见的有集烧水冲泡于一体的随手泡，也有的茶友使用铁壶、陶壶等。

图 5-13　随手泡

目前使用较多的有陶器提梁壶、玻璃提梁壶和不锈钢壶。

图 5-14　备水用具：黑陶砂提梁壶、玻璃提梁壶、不锈钢壶紫

（六）辅助用品

1. 茗炉

茗炉是用来烧水的炉子。为表演茶艺的需要，现代茶艺馆经常备有茗炉，炉身为陶器，或金属制架，中间放置酒精灯或木炭，点燃后，将装好开水的水壶放在茗炉上，可保持水温，便于表演。

图 5-15　茗炉

2. 滤网和滤网架

滤网使用时放在公道杯上，主要用于过滤茶渣。滤网不用时，要放在滤网架上。

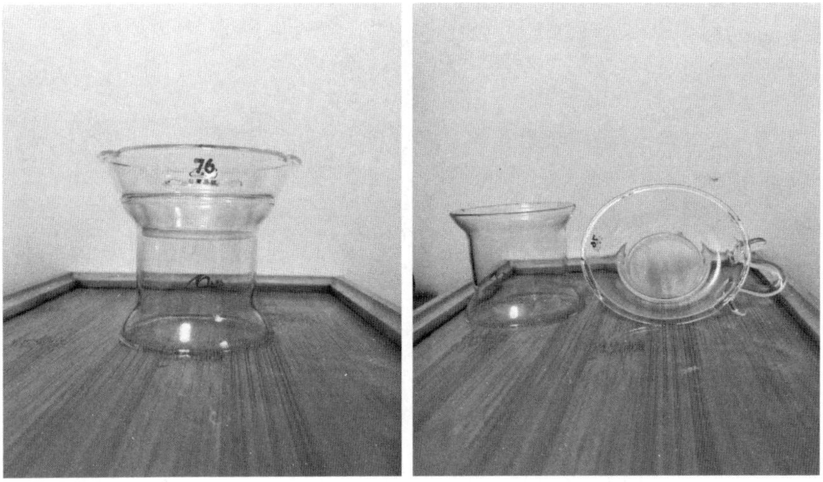

图 5-16　滤网和滤网架

3. 茶道用具组合

茶道用具组合又称“茶道六君子”，包括茶筒、茶针、茶拨、茶则、茶漏、茶夹。

茶筒，是用来盛放茶针、茶拨、茶则、茶漏和茶夹等的器具。

茶针，用来疏通壶嘴，避免茶渣阻塞，造成出水不畅。

茶拨，将茶投入到泡茶用具中或是从泡茶用具中掏出茶渣。

茶则，用来量取茶叶，把茶从茶罐取出置于茶荷或泡茶用具中。

茶漏，置茶时放在壶口，以导茶入壶，防止茶叶外溢。

茶夹，可将茶渣从壶中夹出，也常用来夹茶杯洗杯、分杯，防烫又卫生。

图 5-17　茶道六君子

4. 杯垫

杯垫主要用来放置品茗杯、闻香杯等。它是放置茶杯或茶碗的垫底用具，形状、大小和质地与茶杯（碗）相配套，多采用瓷、陶、竹、木等材料制作。目的是防止杯里或杯底的茶汤溅湿茶桌，同时使用杯托给客人奉茶，更加卫生。

图 5-18　杯垫

5. 茶巾

茶巾主要用来擦拭茶具上的水渍、茶渍和桌面上的茶水。主要用棉、麻等易吸水纤维制造而成。

图 5-19　茶巾

6. 水盂

水盂主要用来储放茶渣和废水，以及尝点时废弃的果壳等物，多用陶瓷制作而成。

图 5-20　水盂

7. 茶船

茶船用来承接泡茶和盛茶用具，其上层为有孔的盘，下层为储水的容器，主要用来盛接漏出或溢出的水滴，多用竹、木、金属、陶瓷等制作。

图 5-21　茶船

8. 奉茶盘

奉茶盘主要用来放置盛茶的杯或盏，向客人奉茶时使用，常用竹、木制作而成，也有用陶瓷制作而成的。

图 5-22　奉茶盘

茶具种类繁多，分类方法也不同，以上是笔者按照功能不同的一种分类方法，除此之外，还可以按照材质不同，分为瓷质茶具、紫砂茶具、玻璃茶具等；按照用途不同，分为日常冲泡茶具和工夫茶茶具。不少茶具造型优美，除使用价值外，有些茶具本身就是一件艺术品，具有较高的艺术价值。可根据茶叶的特点和个人喜好选择合适的茶具，以便充分发挥茶的特性，同时还可欣赏茶具的艺术美感，感受品茗情趣。

三、茶艺师的冲泡和品饮技艺

（一）泡茶三要素

泡好一杯茶，除了要根据各种茶的特性，选好水、备好具外，还要掌握好泡茶的水温、茶叶的用量和茶叶的浸泡时间三个基本要素。

1. 泡茶的水温

泡茶水温的高低，与茶叶种类和制茶原料有关。一般情况下，较粗老原料加工而成的茶叶，宜用沸水直接冲泡；用细嫩原料加工而成的茶叶，宜用降温以后的水冲泡。

高档细嫩的名优绿茶和红茶，一般采用 80℃左右的水冲泡。如果用沸水冲泡，会使茶的叶色和汤色变黄、茶芽无法挺立，维生素 C 等营养物质遭到破坏，使茶的清香和鲜爽味减少，观赏性降低，至于用单个茶芽制成的一些特级名茶，诸如黄茶中的君山银针，绿茶中的特级碧螺春等，用 75℃左右的沸水冲泡就可以了。

各种乌龙茶，即使用沸腾的开水冲泡，也稍嫌温度不够，还得用沸水温壶和淋壶，以提高或保持壶中的水温。大宗红茶、绿茶和花茶，可用 90℃左右的沸水冲泡。

2. 茶与水的用量比例

红茶、绿茶、花茶之类，茶水用量比为 1∶50，以 1 克茶配 50 至 60 毫升水为好。按浅茶满酒的习惯要求，通常 1 个容量为 200 毫升的茶杯，注入 140 毫升的水，放 3 克左右的茶。至于乌龙茶和普洱茶，用茶量比红茶、绿茶、花茶等增加 1 至 2 倍。以乌龙茶为例，颗粒状乌龙茶，以干茶放置 1/3 壶为宜，条索散状乌龙茶通常要放上 1/2 壶才可以。

3. 泡茶时间

冲泡茶叶时，如果时间太短，茶汤会淡而无味，香气不足；如果时间太长，茶汤太浓，茶色过深，茶香也会变得淡薄。茶汤的滋味会随着冲泡时间延长而逐渐增浓，在不同的时间段，茶汤的滋味、香气也会不同。

实验表明，用沸水泡茶，首先浸出物是维生素、氨基酸、咖啡碱。大约 3 分钟后，茶汤滋味有鲜爽醇和之感，但缺少刺激味，随着茶叶浸泡时间的延长，茶叶中的茶多酚类物质陆续被浸泡出来；大约浸泡到 5 分钟后，茶汤鲜爽味减弱，苦涩味相对增加。举例说，古树红茶内含物质丰富，所以冲泡古树红茶，可以采用快进快出的方法冲泡。

具体到茶叶的冲泡次数应根据茶类和饮用方式而定。以大宗红茶、绿茶为例，第一次冲泡后，茶汤中的水浸出物已占总可溶物的 55%左右，第二泡一般占 30%左右，第三泡为 10%左右；第四泡只有 1%～3%。一般来说，多数茶只能冲泡 2 至 3 次，至于乌龙茶，因用量大，原料相对较成熟，因此，可以冲泡 5 至 6 次，甚至更多；多年陈的普洱茶，有冲泡 10 次以上的；只有袋泡茶，由于已将茶切成颗粒，很容易将茶中的内含物冲泡出来，所以，一般只能冲泡 1 次，最多 2 次。

（二）泡茶的基本程序

冲泡是茶艺要素中最关键的环节，是否能把茶叶的最佳状态表现出来，全看冲泡的技巧掌握得如何。冲泡不同的茶叶，使用不同的茶具，其冲泡程序也不相同。总结起来一般有以下几个基本程序（以下以盖碗冲泡红茶程序为例）。

1. 备具

根据将要冲泡的茶叶，布置好相应的茶具。

图 5-23　备具

2. 煮水

根据茶叶品种，将水加温煮至所需温度。

图 5-24　煮水

3. 备茶、赏茶

从茶罐中取适量茶叶至茶则（荷）中备用：如果选用的是外形美观的名茶，可让品茗者先欣赏茶叶的外形和闻干茶香。如不需赏茶，也可以从茶罐中取茶直接放入盖碗（壶、杯）中。

图 5-25　赏茶

4. 温盖碗（壶、杯）

将开水注入盖碗（壶、杯）中，以提高盖碗（壶、杯）的温度，同时使茶具得到清洁。

图 5-26　温盖碗

5. 置茶

将待冲泡的茶叶置入壶、茶杯或茶盏中。

图 5-27　置茶

6. 冲泡

如果冲泡重发酵或茶形紧结的茶类时（如乌龙茶等），第一次冲水数秒钟就将茶汤倒掉，称之为“温润泡”，即让茶叶有一个舒展的过程，然后将开水再次注入壶中，待适时后，即可将茶汤倒出。

图 5-28　冲泡

7. 奉茶

将盛有香茗的茶杯奉到品茗人面前，一般应双手奉茶，以示敬意。

图 5-29　奉茶

8. 收具

品茶结束后，应将茶杯收回，壶（杯、盏）中的茶渣倒出，将所有茶具清洁后归位。

图 5-30　收具

（三）冲泡常用手法

1. 浸润泡与凤凰三点头的冲泡手法

在泡茶动作中，浸润泡和凤凰三点头是泡茶技和艺结合的典型，多用于冲泡绿茶、红茶、黄茶、白茶中的高档茶。对较细嫩的高档名优茶，采用杯泡法泡茶时，大多采用两次冲泡法，也叫分段冲泡法。

第一次称之为浸润泡，以右手执壶为例，用旋转法，按逆时针方向冲水，用水量大致为杯容量的 1/3；冲水后用手握杯，快速摇动，时间一般控制在 15 秒左右（又称“摇香”），目的在于使茶叶在杯中翻滚，与水充分浸润，使芽叶舒展。这样，一则可使茶汁容易浸出；二则可以使品茶者在茶的香气挥逸之前，能闻到茶的真香。

第二次冲泡，一般采用凤凰三点头，冲泡时由低向高连拉三次，并使杯中水量恰到好处。采用这种手法泡茶，其意有三：一是使品茶者欣赏到茶在杯中上下浮动，犹如凤凰展翅的美姿；二是可以使茶汤上下左右回旋，使杯中茶汤均匀一致；三是表示主人向顾客“三鞠躬”，以示对顾客的礼貌与尊重。作为一个泡茶高手，凤凰三点头的结果，应使杯中的水量正好控制在七分满，留下三分空间，叫作“七分茶，三分情”（扫码可观看视频，冲泡常用手法：凤凰三点头，见 150 页）。

2. 上投法、下投法和中投法

（1）上投法

上投法是对一部分条索比较紧结、重实的细嫩名茶，如细嫩的碧螺春、信阳毛尖等，则采用上投法泡茶。其方法是先在杯中冲上开水至七分满，再取适量茶叶，投入盛有开水的茶杯中。它与下投法相比，投茶与冲水的次序正好相反。用上投法泡茶，可避免因开水温度太高造成对茶汤和茶姿的不利影响。但如松散型或毛峰类茶叶，采用此法会使茶叶浮在汤面。同时，采用上投法泡茶，短时内杯中茶汤浓度会上下不一，茶的香气也不容易透发。因此，品饮时最好先轻轻摇动茶杯，使茶汤浓度上下均一，茶香得以透发。茶艺馆采用上投法泡茶时，应向茶客说清其意，以增添品茶情趣。

图 5-31　上投法

(2) 下投法

下投法是指取适量茶叶，置入茶杯（壶、盏），然后将适量的水，高冲入杯，泡成一杯浓淡适宜、鲜爽可口的香茗。采用下投法泡茶，操作比较简单，茶叶舒展较快，茶汁容易浸出，茶香透发完全，而且整个杯的浓淡均匀。因此，下投法有利于提高茶汤的色、香、味，常为茶艺界所采用（扫码可观看视频，上投法与下投法（上）（下），见 150 页）。

图 5-32　下投法

（3）中投法

泡茶用水温度偏高又不是太高时，可采用中投法泡茶，如黄山毛峰、都匀毛尖等。其方法是先冲上少许开水，然后投入适量的茶叶，接着再用低斟法加水至七分满。所以，中投法其实就是两次分段法泡茶，它在一定程度上解决了泡茶水温偏高带来的弊端。

3. 高冲与低斟

高冲和低斟是指泡茶程序中的两个动作，前者是指泡茶时，要提高水壶的位置，使水流从高而下冲入茶壶；后者是指分（斟）茶时，要放低茶壶的位置，使茶汤从低处进入茶杯。这是长期泡茶经验的总结，是泡茶中不可忽视的两道程序。

一般情况下，采用壶泡法泡茶，提水壶冲茶，落水点宜高不宜低。这对冲泡乌龙茶来说尤为重要。乌龙茶是六大茶类中的高香茶，采用高冲的方法，可以更好地激发茶中的香气物质。冲茶时，须将水壶提高使沸水环壶口、缘壶边冲入，避免直冲入壶心；同时，要做到注水不断续也不急促，这种冲点茶的方式，谓之“高冲”。

图 5-33　高冲法

采用高冲法有三大优点：一是高冲法泡茶，能使茶在壶（或杯）中上下翻动旋转，吸水均匀，有利于茶汁浸出；二是用高冲法泡茶，使热力直冲罐底，随着水流的单向巡回和上下翻旋，能使茶汤中的茶汁浓度相对一致；三是用高冲法泡茶，使首次冲入的沸水，随着茶的旋转与翻滚，以及叶片的舒展，去除茶中附着的尘埃和杂质，为醒茶打下基础。

低斟：茶叶经高冲法冲点后，就要适时进行分茶，也称为“洒茶”或“斟茶”，就是将茶壶中的茶汤，斟到各个茶杯中。分茶时，提茶壶宜低不宜高，以略高于茶杯口沿为度；而后，再一一将茶壶中的茶汤倾入各个茶杯，这叫“低斟”。这样做的目的有三：一是避免因高斟而使茶香飘散，从而降低杯中香味；二是避免因高斟而使茶汤泡沫泛起，从而影响茶汤的美观；三是避免因高斟而使分茶时发出的不雅之声（扫码可观看视频，高冲与低斟，见 150 页）。

图 5-34　低斟法

4. 分茶方法：关公巡城与韩信点兵

如何将一壶茶汤均匀地洒入各杯之中，这是泡茶的功力所在。在这方面，最讲究的要数闽南和广东潮汕地区了。这些地方冲泡工夫茶，每克茶的开水用量仅为 20 毫升左右，与冲泡其他茶相比，用茶量增加两倍左右。这样高的用茶量会使每壶茶汤的浓度，前后之间很难达到一致，以致浓淡不一。为此，当地总结出了一套方法，关公巡城与韩信点兵就是其中之一。

关公巡城其泡法是指茶壶冲泡好工夫茶后，在分茶汤时，为使各个小茶杯中的茶汤浓度均匀一致，使每杯茶汤的色泽、滋味、香气尽量接近，做到平等待客，一视同仁。为此，先将各个小茶杯“一”字、“品”字或“田”字排开，采用来回提壶洒茶。如此，提着红色的紫砂壶，在热气腾腾的“城池”（小茶杯）上来回巡逻，称之为“关公巡城”，既形象，又生动，还道出了这一动作的连贯性。又因为留在茶壶中的最后几滴茶，往往是最浓的，是茶汤的精华、醇厚部分，为避免各杯茶汤浓淡不一。

韩信点兵其泡法是指最后还要将茶壶中留下的几滴茶汤，分别一滴一杯，一一滴入到每个茶杯中，称为“韩信点兵”（扫码可观看视频，分类方法：关公巡城与韩信点兵，见 150 页）。

图 5-35　分茶方法：关公巡城

图 5-36　分茶方法：韩信点兵

这两种动作是泡茶技巧和艺美的表现，更是饮茶文化中的一种美学展示。

（四）品饮的三步骤

品饮与喝茶不同。喝茶主要是为了解渴，没什么讲究。品饮则是为了追求精神上的满足，重在意境，将其视为一种艺术欣赏，要细细品啜，徐徐体察，从茶汤美妙的色、香、味、形得到审美的愉悦，引发联想，从不同角度抒发自己的情感。

一般来说，茶汤品饮可以分为三个步骤：一是观色，二是闻香，三是品味。

1. 观色

观色主要是观察干茶的外形和茶汤的颜色。冲泡后，茶叶几乎恢复到自然状态，汤色也由浅转深，晶莹澄清。各类茶叶，各具特色，即使同类茶叶也有不同的颜色。

图 5-37　观色

茶叶的形状，也是千差万别，各有风致，特别是一些名优绿茶，嫩度高，加工考究，芽叶成朵，在碧绿的茶汤中徐徐伸展、亭亭玉立、婀娜多姿、令人赏心悦目。有的茶叶芽头肥壮，芽叶在水中上下浮沉，最后簇立于杯底，犹如枪戟林立。

2. 闻香

观色之后，就要嗅闻茶汤散发出来的香气，好茶的香气自然、纯真，闻之沁人心脾、令人陶醉。不同的茶叶又具有不同的香气，泡成茶汤后，会呈现不同的香型，主要体现为地域香、工艺香和品种香。

图 5-38　闻香

3. 品味

嗅闻茶汤的香气之后，就可品尝茶汤的滋味了。与茶的香气一样，茶的滋味也是非常复杂多样的。不管何种茶叶其本身的原味都有苦味，但是在通过不同的工艺加工后，茶叶的内质物发生了改变，茶叶冲泡出来的茶汤也呈现不同的口感。这是茶叶的化学元素刺激口腔各部位感觉器官的作用。

图 5-39　品味

茶汤入口之后，舌面上的味蕾受到各种呈味物质的刺激而产生兴奋波，经由神经传导到中枢神经，经大脑综合分析后产生不同的滋味感。舌头各部位的味蕾对不同滋味的感受是不一样的，如舌尖易感受甜味，舌两侧对酸咸敏感，近舌根部位易辨别苦味。所以，茶汤入口后，不要立即下咽，而要在口腔中停留，使之在舌头的各部位打转，充分感受到茶中的甜、酸、鲜、苦、涩五味，才能充分欣赏茶汤的美妙滋味。

（五）泡茶用水的选择

水是茶色、香、味、形的载体，许次纾在《茶疏》中写道："精茗蕴香，借水而发，无水不可与论茶也。"张大复在《梅花草堂笔谈》中也写道："茶性必发于水，八分之茶，遇十分之水，茶亦十分矣；八分之水，试十分之茶，茶只八分耳。"古人对水的重视可见一斑。

没有一种水适合天下茶品，也没有一种茶适合天下水品。我们现在一般性的品茶，用水要求洁净、甘甜、清冽、无异味即可；若是名茶鉴赏，择水要更挑剔些，最好是所品茶产地的山泉水。

茶百科

古人论茶之水[①]

择水先择源。古人称好水的标准是“清、轻、活、甘、冽”，“清”“冽”正是好水的特点。陆羽《茶经》中记载，“其水，山水上，江水中，井水下”；陈眉公《试茶》中记载，“泉从石出情更洌，茶自峰生味更圆”，水质需清：择山泉之清者。水品应轻：用软水泡茶，茶汤的色、香、味三者都佳；用硬水泡茶，则茶汤变色，香味大减。水性在活：如宋代唐庚《斗茶记》中记载，“水不问江井，要之贵活”。水味要甘：如蔡襄《茶录》中记载，“水泉不甘，能损茶味”。甘是指水含口中有甜美感，无咸、涩和苦味。水感要冽：是指水在口中有清冷、通透感。

1. 山泉水

一般说来，在天然水中，泉水是比较清爽的，杂质少、透明度高、污染少、水质最好。但是，由于水源和流经途径不同，所以其溶解物、含盐量与硬度等均有很大差异，因此，并不是所有泉水都是优质的。有些泉水，如硫黄矿泉水已失去饮用价值。

2. 江水

泡茶用水，虽以泉水为佳，但溪水、江水与河水等长年流动之水，用来沏茶也并不逊色。有些江河之水，尽管浑浊度高，但澄清之后，仍可饮用。通常靠近城镇之处，江（河）水易受污染。唐代《茶经》中曾写道：“其江水，取去人远者。”意思是说到远离人烟的地方去取江水。千余年前况且如此，如今环境污染较为普遍，以致许多水需要经过净化处理后才可饮用。

3. 雨水和雪水

古人将雨水和雪水誉为“天泉”。如唐代大诗人白居易《晚起》诗中的“融雪煎香茗”，宋代著名词人辛弃疾《六幺令》词中的“细写茶经煮香雪”，都是描写用雪水泡茶的。雨水一般比较洁净，但因季节不同而有很大差异。秋

---

① 参见郭豫斌《茶艺》，北方妇女儿童出版社 2012 年版，第 62 页。

季，尘埃较少，雨水清洌，泡茶滋味爽口回甘；梅雨季节，微生物滋长，泡茶品质较次，夏季雷阵雨，水质不净，不宜饮用。以目前的生态环境看，不建议大家收集雨雪水泡茶。

4. 自来水

自来水一般都是经过人工净化、消毒处理过的江（河）水或湖水。凡达到我国相关部门制订的饮用水卫生标准的自来水，都适于泡茶。但有时自来水中用过量氯化物消毒，气味很重，用之泡茶，严重影响了茶叶的品质。为了消除氯气，可将自来水贮存在缸中，静置一昼夜，待氯气自然逸失，再用来煮沸泡茶，效果大不一样。

5. 纯净水

所谓的纯净水就是将天然水经过多道工序处理、提纯和净化的水。经过多道工序后的纯净水除去了对人体有害的物质、部分矿物质元素，同时除去了细菌，因此可以直接饮用。市场上出售的太空水、蒸馏水均为纯净水。纯净水是比较理想的泡茶用水。

茶百科

水的硬度与茶汤品质的关系①

天然水可分硬水和软水两种：凡含有较多量的钙、镁离子的水称为“硬水”；不溶或只含少量钙、镁离子的水称为“软水”。如果水的硬性是由含有碳酸氢钙或碳酸氢镁引起的，这种水称“暂时硬水”；如果水的硬性是由含有钙和镁的硫酸盐或氯化物引起的，这种水叫“永久硬水”。暂时硬水通过煮沸，所含碳酸氢盐分解，生成不溶性的碳酸盐而沉淀，这样硬水就变为软水了。平时用铝壶烧开水，壶底的白色沉淀物就是碳酸盐。

水的硬度与茶汤品质关系密切。首先，水的硬度影响水的 pH 值（酸碱度），而 pH 值又影响茶汤色泽。当 pH 值大于 5 时，茶汤色则加深；pH 值达到 7 时，茶黄素就倾向于自动氧化而损失。其次，水的硬度还影响茶叶有效成

① 参见张斌、杨雪《中华国饮事典　茶苑　茶之养》，武汉大学出版社 2018 年版，第 76 页。

分的溶解度。软水中含其他溶质少，茶叶有效成分的溶解度高，故茶味浓；而硬水中含有较多量的钙、镁离子，茶叶有效成分的溶解度低，故茶味淡。如水中铁离子含量高，茶汤就会变成黑褐色，甚至浮起一层“锈油”，以至无法饮用。这是茶叶中多酚类物质与铁作用的结果。如水中铅的含量达 0.2ppm 时，茶味变苦；镁的含量大于 2ppm 时，茶味变淡，钙的含量大于 2ppm 时，茶味变涩，若达到 4ppm，则茶味变苦。由此可见，泡茶用水以选择软水或暂时硬水为宜。

在天然水中，雨水和雪水属于软水，泉水、溪水、江（河）水，多为暂时硬水，部分地下水为硬水。蒸馏水为人工加工而成的软水，但成本高。

四、绿茶的科学冲泡

（一）绿茶的特征及功效

1. 绿茶的基本特征

绿茶是不发酵茶，其特性决定了它保留了较多的鲜味内成分，其中茶多酚、咖啡碱保留了鲜叶的 85%以上，叶绿素保留 50%左右，较好地保留了维生素，使得绿茶得以形成“三绿”品质，即色绿、汤绿、叶底绿，清汤绿叶，收敛性强的特点。

2. 绿茶的功效

绿茶充分保留天然物质成分，在防癌、防辐射、杀菌、消炎方面功效突出，但是茶性寒凉，饮用时多加注意。

（二）冲泡绿茶的茶具准备

1. 主泡器的选择

冲泡绿茶通常用透明度好的玻璃杯（壶）、瓷杯或茶碗冲泡，以便于衬托碧绿的茶汤和茶叶。其中尤以玻璃杯为佳，玻璃茶具素以它的质地透明、形态各异而受青睐。以玻璃茶杯（或玻璃茶壶）泡茶，尤其是冲泡各类名优绿茶，茶汤的色泽鲜艳，叶芽朵朵在冲泡过程中上下浮动，叶片逐渐舒展亭亭玉立，是一种动态的艺术欣赏，别有风趣。

2. 辅助茶具的准备

冲泡绿茶的辅助茶具一般有茶盘、品茗杯、水壶、水盂、茶仓、茶荷、茶艺六用、茶巾、奉茶盘等。

（三）绿茶的冲泡方法

绿茶的冲泡方法视名优绿茶和大众绿茶不同的品类而有一定的差别，绿茶在冲泡过程中多一般采用玻璃杯泡法。玻璃杯泡法根据茶叶的投放秩序又分为上投法、下投法和中投法。上投法即先在杯中注入适宜温度的水，然后再投入适量的茶叶，适合冲泡特别细嫩紧结的名优绿茶，如碧螺春、信阳毛尖、恩施玉露等。下投法也就是先投茶后加水的方法，冲泡一般绿茶可采用下投法。中投法是先在杯中注入 1/3 的水，再投入适量的茶叶，再加水，适合条索松展的名优绿茶，如黄山毛峰、六安瓜片等。

1. 玻璃杯泡法

（1）上投法冲泡步骤：备器布具（以下简称“备具”）→行礼→翻杯→温杯→注水（七分满）→赏茶投茶→奉茶→品饮→收具。

（2）下投法冲泡步骤：备具→行礼→翻杯→赏茶→温杯→去废水→置茶→润茶→冲泡（七分满）→奉茶→品饮→收具。

备具：准备干净的茶具，可选择无刻花的透明玻璃杯，至于数量可根据品茶人数而定。

行礼：向客人表示敬意，以示冲泡开始。

翻杯：右手虎口向下、手背向左（即反手）握住茶杯的左侧基部或杯身，左手位于右手手腕下方，用大拇指和虎口部位轻托在茶杯的右侧基部或杯身；双手同时翻杯，成双手相对捧住茶杯，然后轻轻放下。

赏茶：由茶罐直接将茶倒入茶荷，奉至饮者面前，以供其观看茶形，闻取茶香。

温杯：将玻璃杯一字摆开，依次倾入 1/3 杯的开水，然后从左侧开始，右手捏住杯身，左手托杯底，轻轻旋转杯身，将杯中的开水依次倒入废水盂，以提高杯的温度，有利于更好地泡制茶叶。

去废水：将杯移至水盂上方，倾斜放于右手掌心，左手慢慢滚动杯身，让水缓缓流出，至水净（如有多个杯子，依次重复此动作）。

置茶：因绿茶（尤其名优绿茶）干茶细嫩易碎，从茶叶罐中取茶时，应轻轻拨取，将茶叶倒入茶杯中待泡。

润茶：将茶叶拨至玻璃杯中，手持水壶往茶杯中注水约1厘米高度，用单手或者双手时行摇香，使杯中茶叶充分浸润。

冲泡：执水壶以凤凰三点头法，高冲注水。冲水时以手腕抖动，使水壶有节奏地三起三落，犹如凤凰在向观众再三点头致意，注入的热水冲动茶叶，上下浮动，茶汁也易泡出。注水至七分满。

奉茶：若待客，可将泡好茶的茶杯或茶碗，放入茶盘中，捧至客人面前，以示意，请客人品饮。

收具：收具是茶艺过程中的最后一项工序。主要是整理和清洁茶具。收具要及时，过程要有序，清洗要干净，不能留有茶渍。这一过程也可在客人离开后进行（扫码可观看视频，绿茶玻璃杯泡法，见150页）。

(3) 中投法冲泡步骤：备具→行礼→翻杯→温杯→注水（1/3）→赏茶投茶→注水（七分满）→奉茶→品饮→收具。

2. 绿茶的盖碗泡法

(1) 茶具准备：盖碗（按人数准备）、水壶、水盂、茶仓、茶荷、茶艺六用、茶巾、茶盘。

(2) 冲泡步骤：备具→掀盖→温盖碗→去废水→赏茶→置茶→冲泡（七分满）→奉茶→品饮→收具。

备具：根据客人人数准备好茶具，即盖碗数只。

掀盖：将盖碗一字排开，掀开碗盖。右手拇指、中指捏住盖钮两侧，食指抵住钮面，将盖掀开，斜搁于碗托右侧，依次向碗中注入开水，三成满即可。

温盖碗：右手将碗盖稍加倾斜盖在茶碗上，双手持碗身，右手拇指按住盖钮，轻轻旋转茶碗将温杯水从盖和碗身间的缝隙中倒出，放回碗托上，右手再次将碗盖掀开斜搁于碗托右侧，其余茶碗按同样方法一一进行。温盖碗不仅可以达到洁具目的，还会使冲泡茶叶时减少茶汤的温度变化。

去废水：参见绿茶玻璃杯下投法冲泡步骤中的程序。

赏茶：将茶倒入茶荷，奉至饮者面前，以供其观看茶形，闻取茶香。

置茶：将干茶依次拨入茶碗中待泡。

冲泡：将温度适宜的水高冲入碗，水注不要直接落在茶叶上，应落在碗的内壁上，冲入水后，迅速将碗盖稍加倾斜，盖在茶碗上。

奉茶：将泡好茶的盖碗，放入茶盘中，捧至客人面前，以伸掌礼示意，请客人品饮。

收具：冲泡结束后，整理清洁茶具。

3. 绿茶的壶泡法

嫩茶杯泡，老茶壶泡。对于中、低档的绿茶，无论是外形、内质，还是色、香、味都略胜一筹，若用玻璃杯或白瓷冲泡，缺点尽现，有些不雅观，所以可以选择使用瓷壶或紫砂壶冲泡法进行泡茶。

(1) 茶具准备：茶壶、茶杯、水壶、水盂、茶仓、茶荷、茶艺六用、茶巾、茶盘。

(2) 壶泡法冲泡步骤：备具→行礼→翻杯（品茗杯）→温壶→温公道杯及品茗杯→置茶→注水→刮沫→淋壶→出汤→分茶→奉茶→收具。

备具：准备干净茶具、茶壶、茶杯、品茗杯、公道杯、水盂、茶仓、茶荷、茶艺六用、茶巾、茶盘。

行礼：向客人表示敬意，以示冲泡开始。

翻杯（品茗杯）：翻转品茗杯，做好温杯准备。

温壶：将开始冲入茶壶，将茶壶摇晃数下，依次注入茶杯中，再将茶杯中的水旋转倒入废水盂，在洁净茶具的同时温热茶具。

温公道杯：将壶中的热水迅速注入公道杯中，让公道杯升温。

温品茗杯：将公道杯中的热水注入品茗杯中，持续放置。

置茶：将绿茶拨入壶内，茶叶用量按壶大小以及所冲泡茶叶品种来确定。

注水：用凤凰三点头的方法将壶注满，让茶叶在壶内得以翻滚，直至水溢出壶口。

刮沫：用壶盖刮去壶口的泡沫、封盖。

淋壶：用沸水淋去壶身的泡沫。

出汤：茶叶在壶中浸泡 20 秒左右出汤。

分茶：将茶汤倒入公道杯中，分别倒入每个品茗杯中，将品茗杯放置在奉茶盘上，做好敬茶准备。

奉茶：向客人行礼、敬茶，双手奉茶，以表敬意。

收具：冲泡结束后，整理清洁茶具。

冲泡绿茶，以两到三次为宜，超过三次茶汤中水味明显。经科学测定，第一次冲泡绿茶中含有的维生素、氨基酸和多种无机物浸出率为80%，第二次浸出率为95%，可见大部分的营养物质在头两次冲泡中就已浸出，因此第一泡绿茶质量最佳。

（三）绿茶冲泡技巧

1. 用水

水质能直接影响茶汤的品质，对茶汤的滋味是非常重要的，一般来说，以泉水为佳，泉水清甜，泡起来的绿茶特别好喝。泡茶通常应用洁净的优质矿泉水，也可用经过净化处理的自来水。水的酸碱度为中性或微酸性，切勿用碱性水，以免茶汤深暗。煮水初沸即可，这样泡出的茶水鲜爽度较好。

2. 水温

绿茶的泡茶水温，要求在80℃左右为宜。因为优质绿茶的叶绿素在过高的温度下易被破坏变黄，同时茶叶中的茶多酚类物质也会在高温下氧化使茶汤很快变黄，很多芳香物质在高温下也很快挥发散失，使茶汤失去香味。茶与水的比例要恰当，通常茶与水之比为1∶50至1∶60（即1克茶叶用水50至60毫升）为宜，这样冲泡出来的茶汤浓淡适中，口感鲜醇。

3. 置茶量

绿茶茶叶用量与水的比例大致是1∶50至1∶60，在实际泡茶中，可以更根据每个人不同的口味决定，喜欢口味浓的可以放多一些茶叶，喜欢口味淡的可以放少一些茶叶。

4. 冲泡时间

冲泡好的绿茶要在短时间内喝掉，否则茶里的营养成分会变得不安定从而引起以苦涩为主的不适口感。

五、黄茶的科学冲泡

（一）黄茶的基本特征及功效

1. 黄茶的基本特征

黄茶历史悠久，是我国的特产名茶。其与绿茶相比，黄茶在杀青揉捻后增加了一道闷黄的工序，使茶坯发生非酶氧化，降低多芬产生的苦涩味，形成金黄色泽与醇厚浓郁的滋味。黄茶的基本特点为黄汤黄叶。根据原料采摘等级不同，又分黄芽茶、黄小茶和黄大茶。

2. 黄茶的功效

黄茶鲜叶中天然物质保留有85%以上，富含茶多酚、氨基酸、可溶糖、维生素等丰富营养物质，具有防癌、抗癌，减脂、杀菌、消炎、提神醒脑、消除疲劳、消食化滞等作用。由于黄茶属于轻发酵茶，在储存过程中应注意保鲜。

（二）黄茶冲泡方法

黄茶的加工工艺与绿茶相似，冲泡方法可参照绿茶的冲泡方法。黄茶的冲泡方法有两种，分别是传统的方法和简易的方法。

1. 传统杯泡法

(1) 黄茶主泡茶具：最好选用透明的玻璃杯，这样可以展现黄茶的神韵。杯子高度10至15厘米，杯口直径4至6厘米。

其他辅助茶具：茶盘、水壶、水盂、茶仓、茶荷、茶艺六用、茶巾、奉茶盘等。

(2) 黄茶杯泡法的冲泡步骤：备具→行礼→翻杯→温杯→去废水→赏茶置茶→润茶→注水（七分满）→奉茶→品饮→收具。

备具：准备茶具，冲泡黄茶，建议选用透明玻璃杯或盖碗。

行礼：向客人表示敬意，以示冲泡开始。

翻杯：右手虎口向下、手背向左（即反手）握住茶杯的左侧基部或杯身，双手同时翻杯，成双手相对捧住茶杯，然后轻轻放下。

温杯：用温水清洗茶具，同时起到提升杯身温度的作用。

赏茶置茶：请客人赏茶。根据1∶50的比例，量取适量的黄茶，放到茶杯里。

润茶：往茶杯里倒入少许85℃至90℃左右的开水，以没过茶叶为宜，浸润一下黄茶叶。

注水：继续往茶杯里注入85℃至90℃左右的沸水，至杯子的七分满即可。在水和热的作用下，可看见茶芽渐次直立，上下沉浮，并且在芽尖上有晶莹的气泡。茶姿的形态、茶芽的沉浮、气泡的发生等，都是其他茶冲泡时罕见的。

奉茶：将泡好茶的茶杯，捧递至客人面前，以伸掌礼示意，请客人品饮。

品饮：浸泡大约 30 秒即可品饮，尽量在短时间内饮用。

收具：冲泡结束后，整理清洁茶具。

2. 简易壶泡法

按茶水比 1∶50 的比例取适量的黄茶，放到茶壶里，加入少许 85℃至 90℃左右的开水，浸泡大约 30 秒。然后，注入适量沸水，闷泡至适合口感即可饮用。饮用后留 1/3 茶壶的水量，续水进行第二泡，用此方法可以延长冲泡次数。

（三）黄茶的冲泡技巧

1. 水温

黄茶经过闷制，茶叶中的营养成分大多已变为可溶性，一般 85℃至 90℃的沸水即可使营养物质溶解，不至于泡熟茶芽。在冲泡前，首先要把茶杯预热，以保持合适的冲泡温度。

2. 置茶量

黄茶茶叶用量与水的比例大致是 1 克茶用水 50 至 60 毫升，可参照绿茶标准。用茶匙轻轻取出黄茶约 3 克，放入茶杯待泡。

3. 冲泡时间

黄茶的冲泡时间参照绿茶冲泡法用开水预热茶杯，清洁茶具，用水壶将 85℃至 90℃左右的开水先快后慢冲入盛茶的杯子，至没过茶叶处，使茶芽湿透。稍后，再冲至七分满为止。

由于黄芽茶制作时几乎未曾经过揉捻，茶汁浸出不易，可适当加长冲泡时间。

六、白茶的科学冲泡

（一）白茶的基本特征及功效

1. 白茶的基本特征

白茶是我国茶类中的特殊珍品，因其成品茶多为芽头，满披白毫，如银似雪而得名。优质的白茶色、香、味、形俱佳，且芽头肥壮、汤色黄亮、滋味鲜醇、叶底嫩匀。新制白茶属轻微发酵茶，茶性寒凉，不同体质的人在选用时要注意饮用的时机。

2. 白茶的功效

白茶的药效性能很好，具有清热润肺、平肝益血、消炎解毒、降压减脂、消除疲劳等功效。

（二）白茶的冲泡方法

白茶因其自身品质特点，冲泡方法在参照绿茶的冲泡方法基础上，略有不同。

1. 杯泡法

（1）白茶主泡茶具：一人独饮，适用杯泡。最好选用透明的玻璃杯，用200毫升的大杯，杯子高度10至15厘米，杯口直径4至6厘米。

其他辅助茶具：茶盘、水壶、水盂、茶仓、茶荷、茶艺六用、茶巾、奉茶盘等。

（2）白茶杯泡法冲泡步骤：备器布具→行礼→翻杯→温杯→赏茶→置茶→润茶→注水（七分满）→奉茶→品饮→收具。

备具：冲泡白茶一般选用透明玻璃杯或盖碗。

行礼：向客人表示敬意，以示冲泡开始。

翻杯：翻好杯子，做好温杯准备。

温杯：倒入少许开水于茶杯中，双手捧杯，转旋后将水倒出，提高杯子温度。

赏茶：选用优质一芽二叶初展的白茶，观察干茶外形，闻一闻白茶的香气。

置茶：取5克白茶，将茶叶拨至杯中。

润茶：优质白茶较细嫩，叶子较薄，冲泡时水温可略高于绿茶水温为宜。提举冲水壶将水沿杯壁冲入杯中，水量以没过茶叶为宜，用左手托杯底，右手扶杯，将茶杯逆时针方向快速转动，使茶叶进一步吸收水分，香气充分发挥，浸润茶叶使其初步展开。

注水：冲泡时采用回旋注水法，可以欣赏到茶叶在杯中上下旋转，加水量控制在约占杯子的七分满为宜，冲泡后在合适时间内饮用。

奉茶：将泡好的茶杯，捧递至客人面前，以伸掌礼示意，请客人品饮。

收具：冲泡结束后，整理清洁茶具。

2. 盖碗法

两人饮茶，用盖碗。取 3 克白茶投入盖碗中，用 90℃水温润闻香，然后像工夫茶泡法一样。第一泡 45 秒，以后每泡延续 20 秒，这样能品到白茶清新的口味。

3. 壶泡法

三五人雅聚，用壶泡。中品的大肚紫砂壶是泡白茶的最佳选择。取 7 至 10 克白茶投入壶中，用 90℃开水温润后，可用沸水焖泡，45 至 60 秒即可品饮，这样可以品到清纯中带醇厚味的白茶。

（三）白茶冲泡技巧

1. 水温与冲泡时间

白茶的冲泡温度，与白茶的品类有密切关系。

白毫银针茶芽纤长细嫩，所以水温不宜过高，90℃左右即可；冲泡时，热水不可直冲茶芽，应当沿杯壁入冲，这样即不会损伤茶芽品相，又能避免茶芽大量脱毫造成茶汤变浊，影响其汤色和美感。

白牡丹冲泡时，水温不可过低，低则茶味难出，水温若是太高，则又会伤及茶芽，水温最好控制在 90℃至 95℃之间。

贡眉、寿眉、老白茶、紧压白茶冲泡时建议用 95℃至 100℃的水，可以多泡一会儿，也可以选择煮茶的方式，可充分品尝到茶的醇厚浓郁。

饮用新制白茶，茶水不宜泡太浓，150 毫升的杯子放 3 至 5 克的茶叶最好，水温在 95℃以上冲泡至适宜时间，经过滤后将茶汤倒入杯中即可饮用。

2. 置茶量

白茶冲泡时，一般 150 毫升的水用 3 至 5 克的茶叶。一般情况下，每天只要 5 克最佳，老年人不适合饮太多，肾虚、体弱者少饮白茶为好，同时注意不能空腹喝茶。同时，饭前与临睡前不宜再饮白茶。

3. 冲泡次数

新制白茶可以冲泡 4 至 5 次，要做到随饮随泡。白茶宜常饮，最好不要间断。白茶的保健作用属细水长流，不可间断，不然难以起到其功效。

七、红茶的科学冲泡

（一）红茶基本特征及功效

1. 红茶的基本特征

红茶属全发酵茶，叶色深红，汤色黄红或深红，香色宜人，滋味甜醇。优质红茶的干茶色泽乌黑油润，冲泡后具有甜花香或蜜糖香，汤色红艳明亮，叶底红亮。

红茶分为工夫红茶、小种红茶和红碎茶。

工夫红茶原料细嫩，制工精细，外形条索紧卷、完整、匀称、洁净，色泽乌黑润泽，汤色红艳而明亮，香气醇正，叶底匀嫩鲜红，具有形、质兼优的品质特征。按产地可分为滇红、祁红、川红、闽红（白琳工夫、坦洋工夫、政和工夫）等，其中以祁红和滇红最为著名。

小种红茶由于采用纯松木明火熏制，干茶带有浓烈的松烟香。其形条索粗壮长直、身骨重实、色泽乌黑油润有光、内质香高、具松烟香，汤色呈糖浆状的深金黄色，滋味醇厚，似桂圆汤味，叶底厚实光滑，呈古铜色。小种红茶分正山小种和人工小种。

红碎茶又称“分级红茶”，是将红条茶揉切割成碎茶，或是立即将茶青经切碎、发酵、烘干而制作的。不同机械设备制成的红碎茶，外形颗粒重实匀齐，色泽乌润或泛棕，内质香气馥郁，汤色红艳，滋味浓强鲜爽，叶底红匀。红碎茶的特点是浓、鲜、强，富含物质在汤色中比较容易析出，宜加糖、牛奶、柠檬等饮用。红碎茶海外销售量非常大，多用于加奶调配成奶茶饮用。

2. 红茶的功效

红茶属于一种全发酵的茶叶，性质偏温，适合冬季饮用。红茶具有养胃的功能，比较适合脾胃虚寒的人。红茶还可以帮助胃肠消化，促进食欲，辅助调节血糖、利尿、消肿。红茶中含有的咖啡碱可以刺激大脑皮层来兴奋神经中枢，可以起到提神、集中注意力、消除疲劳的作用，但患有贫血、精神衰弱、失眠的人一般不适合饮红茶，因为红茶的提神醒脑功效会使得他们失眠症状加重。

（二）工夫红茶的冲泡方法

不一样的红茶选用不一样的冲泡方法。中国人热爱“清饮”红茶，看重品位其色、香、味、形，所以大多数喜欢饮用具有红汤红叶的品质特性小种红茶和工夫红茶；茶具大多数用白瓷壶或盖碗来泡饮。

品饮红茶，有三种方法：一是冲泡法，二是煮饮法，三是调饮法。

1. 工夫红茶的盖碗冲泡方法

（1）红茶主泡茶具：盖碗。

（2）其他辅助茶具：茶盘、品茗杯、水壶、公道杯、水盂、茶仓、茶荷、滤网、茶艺六用、茶巾。

（3）工夫红茶的盖碗冲泡步骤：备器布具→行礼→翻杯→温杯（盖碗）→赏茶→置茶→润茶→注水（七分满）→分茶→奉茶→品饮→收具。

备具：准备好茶具，盖碗、煮水壶、茶杯等。盖碗宜选择内釉为白色的，以便察颜观色。

行礼：向客人表示敬意，以示冲泡开始。

翻杯：翻转杯子，做好温杯准备。

温杯：倒入少许开水于茶杯中，双手捧杯，转旋后将水倒出，目的是让杯子留有一定的温度。

赏茶：由茶罐直接将茶倒入茶荷，奉至饮者面前，以供其观看茶形，闻取茶香。

置茶：结合需要，每杯放入 3 至 5 克的红茶，或 1 至 2 包袋泡茶。若用壶煮，则另行按茶和水的比例量茶入壶。

润茶（温润泡）：倒入没过干茶的水，用手持杯进行摇香，使茶与水充分融合。

注水：行润湿泡后，冲入沸水。通常冲水至七分满为止。如果用壶煮，那么先应将水煮沸，而后放茶配料。

闻香、观色：红茶经冲泡后可先闻其香，再观察红茶的汤色。这种做法，在品饮高档红茶时尤为时尚。至于低档茶，一般很少有闻香观色的。

分茶：将茶汤倒入公道杯中，分别倒入每个品茗杯中，将品茗杯放置在奉茶盘上，做好敬茶准备。

奉茶：向客人行礼敬茶，双手奉茶，以表敬意。

品饮：茶汤冷热适口时，即可举杯品味。尤其是饮高档红茶，饮茶人需在品字上下工夫，缓缓啜饮，细细品味，体察和欣赏之中，品出红茶的醇味，领会饮红茶的真趣，获得精神的升华。

收具：冲泡结束后，整理清洁茶具。

如果品饮的红茶属条形茶，一般可冲泡 2 至 3 次。如果是红碎茶，通常只冲泡一次；第二次再冲泡，滋味就显得淡薄了。正山小种红茶耐冲泡，四五泡后其韵味和香气仍然明显，而且与久泡亦不苦涩。特级正山小种比较适合清饮，一级以下除适合清饮外，还比较适合制作奶红茶和冰红茶。特别是烟正山小种，在其茶汤中加入纯牛奶和糖后，香气十分独特，口感极其迷人，特别受欧美爱茶人士的喜爱（扫码可观看视频，红茶盖碗泡法，见 150 页）。

2. 红茶壶泡法

家常泡饮热的纯红茶、饮冰纯红茶适合选用精美的细花瓷壶和细瓷杯配以瓷茶盘为组合，这样比较温馨并富有情趣。

3. 红茶袋泡法

使用袋泡茶泡饮法时，把红碎茶用特殊材料制作的茶包裹住，将袋泡茶的口部扎牢，放进壶中或是盖碗中用热开水浸泡，茶渣不易混进汤色中，便于茶与汤的分割。若茶袋有线头，可将线头摆放在泡茶盛器的外边，当浸泡时间段到时，立即提到线头将袋泡茶取下，便可清饮，或加入调料品调饮。这种泡法操作便捷简单，对泡茶器具没有较多要求。

（三）红茶冲泡技巧

1. 水的选择

红茶的香气和味道会因水质的不同，而有很大的差异，要冲泡出一壶香气袭人的美味红茶，宜选用软水性质的纯净水。

2. 茶水比

泡茶要掌握好茶与水的用量比例。通常，200 毫升的标准杯配 3 克左右红茶为宜。用壶冲泡红茶时，最少一壶的投茶量应在 5 克，如果茶叶太少，即使冲水少也无法充分发挥出红茶的香醇味。茶与水的用量之比，还要因人而异。如果饮茶者是体力劳动者，可以适当加大用茶量，泡上一杯浓茶汤；如果饮茶者是脑力劳动者或无嗜茶习惯的人，可以适当少放些茶叶，泡上一杯清香醇和的茶汤。

3. 水温

泡茶时，水温的高低是泡好一杯茶的关键。冲泡红茶，通常为 90℃左右沸水冲泡。高档细嫩名优红茶，如果用沸水冲泡，会使茶的叶色和汤色变黄，维生素 C 等营养物质遭到破坏，使茶的清香和鲜爽味减少。水温过低，茶叶浮在汤面上，香气低、汤色浅、滋味淡，无法体现茶叶的色、香、味、形的特征。冲泡红茶须马上加盖焖茶，以保持红茶品质的芬香。

4. 泡茶时间

红茶在冲泡过程中，前几泡可以快速出汤，随着冲泡次数的增加，可适当延长冲泡时间。茶叶中各种物质在沸水中浸出的快慢不但与浸泡时间长短有关，还与茶叶的老嫩和加工方式有关。通常细嫩的茶叶比粗老茶叶容易浸出，冲泡时间宜短些；松散型的茶叶比紧压茶叶容易浸出，冲泡时间宜短；红碎茶的茶叶比完整型的茶叶容易浸出，冲泡时间宜短。红碎茶包切成颗粒很容易将茶中的内含物冲泡出来，所以一般能冲泡一次，最多两次。

5. 冲泡次数

茶叶中各种有效成分的浸出时间不一样，茶叶第一次冲泡时，茶中的可溶性物质能浸出 50%～55%；第二次冲泡时，能浸出 30%左右；第三次冲泡时，能浸出约 10%；第四次冲泡时，只能浸出 2%～3%。所以，大凡工夫红茶的条形茶，最好只冲泡 2 至 3 次。

八、乌龙茶的科学冲泡

（一）乌龙茶的基本特征及功效

1. 乌龙茶的基本特征

乌龙茶是青茶的习称，一种半发酵茶。采摘既不嫩不老的茶叶，经萎凋、微发酵、炒青、揉捻、干燥等加工而成。色泽深褐或边红中青绿，叶条较粗壮，茶汤明亮橙黄或金黄，口味介于绿茶和红茶之间。

乌龙茶产于福建、广东、台湾三省，福建产量较多品质也较好。乌龙茶品种花色很多，许多是以茶树品种为名，按茶树品种单独采制、福建乌龙茶分为闽南、闽北两个产区，闽南产区生产的有安溪铁观音、安溪色种、安溪乌龙等；闽北产区生产的有闽北水仙、闽北乌龙、岩水仙、岩奇种等。广东乌龙茶有凤凰单纵、水仙、乌龙、色种等；台湾乌龙茶有台湾乌龙、台湾色种等。其中以崇安武夷岩茶、安溪铁观音的品质最优，是为名茶。

2. 乌龙茶的功效

乌龙茶作为中国特种名茶，除了与一般茶叶具有提神益思、消除疲劳、生津利尿、解热防暑、杀菌消炎等保健功能外，还突出表现在抗衰老、降糖、降脂、减肥、排毒等特殊功效。由于乌龙茶所含茶多酚和咖啡碱较其他茶多，因此要注意三忌：即空腹不饮，冷茶不饮，睡前不饮。

（二）乌龙茶冲泡方法

乌龙茶的品饮特点是重品香，不重品形，先闻其香后尝其味，因此十分讲究冲泡方法。从茶叶的用量、泡茶的水温、泡茶的时间，到泡饮次数和斟茶方法都有一定的要求。冲泡乌龙茶以紫砂壶泡法为主，也可选用盖碗，一般以湿泡法为主。冲泡乌龙茶有专门的茶具。例如紫砂茶具，泡茶既不夺香，又无熟汤味，能较长时间保持茶叶的色、香、味。在冲泡时可视茶叶的不同特性，选择不同的壶具搭配运用，以求达到最理想的冲泡效果。使用的器具包含煮水器、茶壶、茶杯、茶海、茶盅、茶荷、茶匙、水盂等。笔者以传统的乌龙茶紫砂壶双杯泡法加以介绍。

乌龙茶紫砂壶双杯泡法步骤：备具→翻杯→温壶→赏茶→置茶→冲泡（高冲、刮沫、淋壶）→温杯（闻香杯及品茗杯）→正泡→分茶（关公巡城、韩信点兵）→扣杯→倒转→奉茶→观汤闻香→品饮→收具。

备具：将所用的茶具准备就绪，按正确顺序摆放好，主要有：紫砂壶、公道杯、品茗杯、闻香杯等。

翻杯：将品茗杯和闻香杯翻正。

温壶：用沸水温壶，使茶具均匀受热，提升杯具的温度。

赏茶：让客人欣赏干茶外形。

置茶：把乌龙茶拨入紫砂壶内。

高冲：用高长而细的水流使茶叶翻滚，达到温润茶叶的目的。

刮沫：用壶盖轻轻刮去壶口的泡沫。

淋壶：用开水浇淋壶体，洗净壶表，同时达到内外加温的目的。

温杯（闻香杯和品茗杯）：把紫砂壶中的温润泡茶汤倒入公道杯中，提高公道杯温度，再把公道杯中的茶汤均匀分到闻香杯和品茗杯中，温杯所用。

正泡：采用凤凰三点头手法向紫砂壶注水至满。

关公巡城：将公道杯中的茶汤快速巡回均匀地分到闻香杯中至七分满。

韩信点兵：将最后的茶汤用点斟的手式均匀地分到闻香杯中。

扣杯：将品茗杯倒扣到闻香杯上。

倒转：将品茗杯和闻香杯倒置，使闻香杯中的茶汤倒入品茗杯中，放在茶托上。

奉茶：双手拿起茶托，齐眉奉给客人，向客人行注目礼，最后一杯留给自己。

观汤闻香：观看汤色、用左手旋转拿出闻香杯热闻茶香，双手搓闻杯底香。

品饮：用三龙护鼎手法端杯品茶。

收具：冲泡结束后，整理并清洁茶具。（扫码可观看视频，乌龙茶紫砂壶双杯壶泡法，见 150 页）

（三）乌龙茶的冲泡技巧

1. 用水

一般以山泉水、河水、纯净水、矿泉水为宜。

2. 水温

乌龙茶采摘的原料是成熟的茶枝新梢，对水温要求与细嫩的名优茶有所不同。同时它又是六大茶类中的高香茶，水沸立即冲泡，水温为 100℃。

3. 置茶量

冲泡乌龙茶，茶叶的用量比名优茶和大宗花茶、红茶、绿茶要多，按照 1∶20 左右的茶水比投茶；以肉眼判断，球状乌龙茶以装满紫砂壶容积的 1/3 为宜，条索状乌龙茶以装满紫砂壶容积的 1/2 为宜。

4. 冲泡时间

乌龙茶较耐泡，一般泡饮 5 至 6 次，仍然余香犹存。泡的时间要由短到长，第一次冲泡，时间短些，随冲泡次数增加，泡的时间相对延长。

冲泡乌龙茶先温润泡，可将紧结的茶球泡松，可使之后的每泡茶汤维持同样的浓淡。温润泡的茶汤一般不作为饮用。当壶中置茶以后，沸水沿壶内壁缓缓冲入，在水漫过茶叶时，便立即将水倒出，称之为“温润泡”。此程序可除去茶叶中的浮尘和泡沫，使茶叶在吸收温度与湿度后，呈含苞待放的状态，有利于冲泡第一道茶汤时香气与滋味的展现，便于品其真味。温润泡后第二次冲入沸水，水量以溢出壶盖沿为宜，盖上壶盖。冲水的方法应由高到低，且在整个泡饮过程中需经常用沸水淋洗壶身，以保持壶内水温，充分泡出茶叶的香味。

温杯的目的是先将茶杯预热，有助于茶汤香气之散发，使杯底留有茶的余香。每一泡茶冲泡时间的长短，应视茶叶的特性与置茶量调整。将茶汤平均倒入杯中。斟茶时应低行，以防失香散味。茶汤按顺序注入几个小茶杯内，注量不宜过满，使每杯茶汤香味均匀。一杯茶分 3 口以上慢慢细品，用心体会茶之美。

九、黑茶的科学冲泡

(一) 黑茶的基本特征及功效

1. 黑茶的基本特征

黑茶属于后发酵茶，因外观呈黑色而得名。鲜茶叶按杀青、揉捻、渥堆和干燥工艺生产。其以紧压茶形式储运。汤色橙黄明亮，滋味陈醇或微涩，或有特殊菌香；耐冲泡。

2. 黑茶的功效

黑茶具有保健养生的功效，如清热降火、醒酒解毒、能助消化、解油腻、降血脂、降血糖、降血压。

(二) 黑茶的冲泡方法

对于喝惯了清淡绿茶的人来说，初尝黑茶往往难以入口，但是只要坚持长时间的饮用，人们就会喜欢上它独特的浓醇风味。黑茶口味与众不同，冲泡黑茶也要注重方式，假如冲泡不得当的话，会影响茶汤的口感。

下面以黑茶的壶泡法为例介绍其冲泡方法。

冲泡步骤：备器布具→行礼→翻杯→温杯→赏茶置茶→润茶→注水（七分

满）→分茶→奉茶→品饮→收具。

备具：冲泡黑茶宜挑选粗犷、可过滤茶汤的茶器。一般用薄壁紫砂茶壶、陶壶冲泡（可煮饮）。

行礼：向客人表示敬意，以示冲泡开始。

翻杯：翻转品茗杯，做好温杯准备。

温杯：将开水倒入茶器中，使茶器受热均匀，提升温度。

赏茶：由茶罐直接将茶倒入茶荷，奉至饮者面前，以使其观看茶形，闻取茶香。

置茶：将适量的茶投入茶器中。

润茶：将沸水倒入茶器，进行醒茶，以便后续冲泡，润茶的茶汤不做饮用。

注水：再次向茶器内注水，注水至七分满。

分茶：把浓淡适宜的茶汤倒入公道杯中，再分别倒在客人杯中。

奉茶：向客人行礼敬茶，双手奉茶，请客人品饮。

收具：冲泡结束后，整理并清洁茶具。

（三）黑茶的冲泡技巧

1. 用水

一般以山泉水、河水、纯净水、矿泉水为宜。

2. 温度

黑茶是后发酵茶，茶原料较粗老，冲泡水温要高，一般用 100℃水温。

3. 置茶量

冲泡法茶水比为 1∶30 左右，粗老砖茶为 1∶20 左右，煮泡法 1∶50 左右，可依据个人口味酌情调整。

4. 冲泡时间

根据茶原料的嫩老程度，茶的陈年程度，进行调整。

黑茶的冲泡时间宜短不宜长，首泡茶 10 秒左右即可；3 年内的黑茶第一泡大约 20 秒为宜，一般采用飘逸杯、盖碗，比较好把握，避免出现涩味；随着冲泡次数的增加，可适当延长冲泡时间；3 年以上的陈年黑茶，第一泡约 40 秒左右，陈年黑茶相对比较耐泡。

由于黑茶在制作过程中，采用了渥堆工艺，会产生一些相应的味道，要求在冲泡过程中，尽量去除或者避免这些令人不愉快的味道，所以在正式冲泡前，润茶是一个重要的步骤。在温润泡的过程中，尽量使茶散开，让味道散开，温茶的时间要短。

黑茶散茶的面茶和里茶选材及熟化水平各有不同，解茶时尽可能让茶成小块或坨状，可以尽可能详细地品好这一款茶。在冲泡时，注水应该缓慢，在冲泡过程中，每一泡都要凉一下叶底，然后再进行下一泡冲泡，有利于出汤。

十、花茶的科学冲泡

（一）花茶的基本特征

花茶属于再加工茶，为我国独特的一个茶叶品类。利用茶善于吸收异味的特点，将精制茶坯与具有香气的鲜花拌和，通过一定的加工方法，促使茶叶吸附鲜花的芬芳香气而成。茶将香味吸收后再把干花筛除，制成的花茶香味浓郁，茶汤色深。高级茉莉花在加工的过程中其内质发生一定的理化作用，如：茶叶中的多酚类物质、茶单宁在水湿条件下的分解，不溶于水的蛋白质降解成氨基酸，能减弱喝绿茶时的涩感，功能有所变化，其滋味鲜浓醇厚、更易上口，深得偏好重口味的中国北方人喜爱。

常见的花茶是茉莉花茶。其外形条索紧结匀整，色泽黄绿尚润；内质香气鲜灵浓郁，具有明显的鲜花香气，滋味醇厚鲜爽，汤色浅黄明亮，叶底细嫩柔软，耐泡。根据其所用的香花品种不同，分为茉莉花茶、玉兰花茶、桂花花茶、珠兰花茶等。花茶宜于清饮，不加奶、糖，以保持天然香味。

花茶共分为以下四种。叶茶：条索紧结匀齐，色泽乌润，内质香气芬芳，汤色红亮，滋味醇厚，叶底红亮多嫩茎。碎茶：外形颗粒重实匀齐，色泽乌润或泛棕，内质香气馥郁，汤色红艳，滋味浓强鲜爽，叶底红匀。片茶：外形全部为木耳形的屑片或皱折角片，色泽乌褐，内质香气尚纯，汤色尚红，滋味尚浓略涩，叶底红匀。末茶：外形全部为砂粒状末，色泽乌黑或灰褐，内质汤色深暗，香低味粗涩，叶底暗红。

选茶的过程中，应以条形长而饱满、白毫多、无叶者为上，次之为一芽一叶、二叶或嫩芽多，芽毫显露。越是往下，芽越少，叶居多，以此类推。低档茉莉花茶叶则以叶为主，几乎无嫩芽或根本无芽。茉莉花茶不只是对条形做出要求，还要有好的茉莉花香。好的茉莉花茶，其茶叶之中散发出的香气应浓而不冲、香而持久、清香扑鼻，闻之无丝毫异味。冲泡好的茉莉花茶，香气浓郁、口感柔和、不苦不涩、没有异味为最佳。

高档茉莉花茶的冲泡、宜用玻璃杯，冲泡花茶也讲究高冲水。

（二）花茶冲泡方法

以茉莉花茶的冲泡为例，与普通绿茶相仿，但需特别注意防止香气的散失，使用的茶具、茶水要洁净无异味，最好选用白瓷有盖茶杯，以衬托花茶固有的汤色，保持花茶的芳香。如冲泡特种工艺造型茉莉花茶和高级茉莉花茶，为提高艺术欣赏价值，应采用透明玻璃杯。中档茉莉花茶，如银毫、特级、一级等，宜选用瓷盖碗茶杯。

花茶冲泡步骤：备具→温杯→赏茶置茶→润茶→冲泡（七分满）→闻香→奉茶→品饮→收具。

备具：品饮茉莉花茶的茶具，一般选用白色的有盖瓷杯，或盖碗（配有茶碗、碗盖和茶托），用具选择三才杯（即小盖碗）若干只；白瓷茶壶一把；木制托盘一个；青花茶荷一个；茶道具一套；茶巾一条。

温杯：将沸水冲入盖碗中，洁具并提升温度。

置茶：将茉莉花茶从茶叶罐中取出，按需分别置入盖碗，用量结合个人的口味按需增减。

润茶：冲泡茉莉花茶时，应低注水，冲泡壶口紧靠杯身，水不要直接注于茶叶上，快速摇香，使香味缓缓浸出。

冲泡：壶口稍离杯口注入 90℃至 100℃热水，约七分满，使茶水交融。

闻香：茉莉花茶经冲泡静置片刻后，即可提起盖碗，揭开杯盖一侧，用鼻闻香。品饮茉莉花茶时先闻香，用左手端起杯托，右手轻轻地将杯盖掀起一条缝，闻香。闻香时主要有三项指标：鲜灵度、浓郁度、纯度。

奉茶：将泡好茶汤的盖碗端至客人近前，双手奉茶。

品饮：右手将杯盖的前沿下压，后沿翘起，然后从开缝中饮茶。品茶时应一小口一小口慢慢喝，使茶汤在口腔中稍事停留，这时轻轻用口吸气，使茶汤与舌面充分接触，用心体会茶韵之美。

（三）花茶的冲泡技巧

1. 用水：一般以山泉水、河水、纯净水、矿泉水为宜。

2. 水温：水温宜高，80℃至90℃为宜，接近100℃为佳。

3. 茶水比：通常茶水的比例为1∶50，置茶量花茶每人2至3克。

4. 冲泡时间：第一泡的冲泡时间为3至5分钟，第二泡的冲泡时间为5至8分钟，冲泡的时间随冲泡的次数增加而增加。盖碗泡茶，在适宜时间内尽快饮用。茉莉花茶的泡饮方法，以能维持香气不致无效散失和显示特质美为原则，这些都应在冲泡时加以注意。

茶百科

窨花茶和拌花茶的鉴别①

正宗的花茶都是用鲜花窨制的。所谓拌花茶，是茶叶未经窨花而拌入一些花茶窨制后剔出的花干，喷上香精来冒充窨花茶。在品评花茶的优劣时，香气是其主要品质因子。同样的，鉴别窨花茶与拌花茶的方法就是闻香气。闻香方法分为干闻和热闻两种：干闻，窨花茶具有独特和持久的花香，例如，茉莉花茶，馥郁芬芳，鲜灵持久；玉兰花茶香气浓烈；玳玳花茶香气浓郁。用双手捧一把茶干闻，若有浓郁花香者为窨花茶；有茶味而无花香者则属拌花茶。热闻，用开水沏泡后，只要热闻更易检验。窨花茶头泡花香扑鼻，在第二泡、第三泡时，仍有浓郁花香者即为窨花茶；而拌花茶最多也只是在第一泡时能闻到一些低沉的花香。少数在茶叶表面喷上香精，再掺上些花干后充作窨花茶的，比较难以鉴别。不过，这种花茶的香气只能维持1至2个月，即使在香气有效期内，其香气也有别于天然鲜花的纯清，冲鼻且带有闷浊之感。

① 参见陈书谦《中国茶品鉴　购买　贮藏》，吉林科学技术出版社2015年版，第170页。

茶艺师的科学素质及冲泡方法的相关视频请扫描下列二维码观看。

1. 真礼
2. 入座礼
3. 伸掌礼与叩指礼
4. 奉茶礼
5. 紫砂壶盖气孔的妙用
6. 冲泡常用手法：凤凰三点头
7. 上投法与下投法（上）（下）
8. 高冲与低斟
9. 分茶方法：关公巡城与韩信点兵
10. 绿茶玻璃杯泡法
11. 红茶盖碗泡法
12. 乌龙茶紫砂壶双杯壶泡法

第六部分
科学饮茶与储茶

中国有句口头禅，“柴、米、油、盐、酱、醋、茶”。可见，中国人历来喜爱饮茶，几乎每家每户都会备一些茶叶，亲朋好友聚在一起品茶，聊聊生活与理想，独自一人时，人们也喜欢饮上一杯茶，细细品味茶香，享受独处的时光。大多数人都会多少知道一些喝茶的泡法，但是对于如何科学饮茶和科学储存茶叶的方法却不太知晓。茶艺师有必要向大众普及科学饮茶和科学储茶的方法。

一、科学饮茶

茶叶需合理选择。不同的茶叶具有不同的特性，不同的人也有不同的状况，不同的时间、地点，不同的环境条件，都会影响人与茶之间的关系。不合理的饮茶方式不但起不到应有的保健效果，还有可能造成不良后果。所以，科学合理地饮茶需要因人、因时、因食物结构等而异。

（一）茶叶性质与茶叶的合理选择

人的体质有寒热之别，茶的性味也有温有凉。

1. 根据茶的温凉特性合理选择茶叶

从中医的角度看，一般来说茶的药性属微寒，偏于平、凉。但红茶、黑茶性偏温，对胃的刺激性较小；当年新采制的绿茶、黄茶、白茶性偏凉，对肠胃的刺激性较大。

身体燥热的人应该多喝凉性的茶，比如未发酵的绿茶、轻微发酵的白茶，或者年份短的生普洱茶。这些茶性寒，喝了使人有清凉之感。绿茶属不发酵茶，茶多酚含量较高，容易刺激肠胃，过敏体质者和有胃病的人要尽量少喝绿茶，特别是较浓的绿茶。但是，绿茶抗辐射的作用最强，适合长时间使用电脑的上班族。

红茶属于全发酵茶，茶性温和，有祛寒暖胃之功，刺激性较弱，适合平时畏寒、经常手脚冰冷、脾胃虚弱者饮用，喝红茶时加牛奶，还能保护胃黏膜。

普洱茶属于后发酵茶，茶性温和，有降脂降压的作用，长期饮用，对高血压与动脉粥样硬化有一定的缓解作用。

2. 根据茶的化学成分含量合理选择茶叶

不同的茶叶其功能成分含量有差异。如绿茶富含儿茶素，而红茶中儿茶素大多已被氧化成茶黄素、茶红素等氧化缩合产物，乌龙茶的情况则处于红茶和绿茶之间。较粗老的砖茶，含有较多的茶多糖，这对糖尿病治疗有益；但它们同时含有太多的氟，饮用时须考虑如何减少氟的摄入量。普洱茶含有一些由微生物转化而来的特殊成分，同时对肠胃的刺激性小。不同茶叶的咖啡碱含量也会有很大的差异，甚至还有脱咖啡因茶的产品，不同人群对咖啡碱的敏感性也不同。因此，饮茶因人而异。

3. 根据食物结构合理选择茶叶

在我国西藏、内蒙古等边疆少数民族地区，人们主要饮用砖茶，这与他们的食物结构和历史文化背景有关。他们长年以肉和奶作为主食，又缺少新鲜蔬菜，所需的许多维生素都来自茶叶。所以，茶成为其日常生活的必需品，因此有了“宁可三日无粮，不可一日无茶”之说。至于为什么选用砖茶，这与砖茶便于长途运输、价格相对较低、又适合在茶壶内慢慢烹煮及制成酥油茶的饮茶习惯有关。

英国等西方国家有喝奶茶的习惯。在所有茶类中，红茶加奶后无论外观品质还是香气滋味都比较协调，所以需要加奶调配的茶以红茶为好。我国边疆牧区也有饮用奶茶的习俗，他们调配奶茶则主要选用黑茶（砖茶）。

4. 根据身体状况合理选择茶叶

茶虽是保健饮料，但由于每个人的身体状况不同、习惯有别，因此每个人更适合喝哪种茶，要因人而异。一般来说，初次饮茶或偶尔饮茶的人，最好选用高级名绿茶，如黄山毛峰、庐山云雾、西湖龙井等。喜欢清淡口味者，可以选择高档烘青和名优茶，如茉莉烘青、旗枪、毛尖等；如要求茶味浓醇者，则以选择炒青类茶为佳，如珍眉、珠茶等。身体肥胖的人，以饮用乌龙茶或沱茶更为适合，这些茶具有很好的消脂减肥功效。

5. 根据体质和口感合理选择茶叶

茶叶选择的最佳标准是适合自己，所谓适合自己是要适合自己的体质和口感。

判断茶叶是否适合自己，第一要看饮用后自己的身体反应，饮茶后感觉对身体有益，可以继续，反之如出现胃疼或过度兴奋、失眠或者头晕、手脚乏力、口淡等不良反应则应停止。第二要适合自己的口感。建议买口感适宜、价格能接受的茶。

如今市场上茶叶产品琳琅满目，一些特殊人群需要精心选择适合自己的茶叶饮用。如对有饮茶习惯、但容易因饮茶而造成失眠的人，可选用低咖啡因茶或脱咖啡因茶；如果是以治疗各种疾病或保健为主要目的，则可以选用相应的药茶，如清热利咽的合欢胖大海茶、补气强壮的黄芪茶、降脂减肥的各种减肥茶等。

（二）茶叶的合理饮用

1. 喝茶勿过量，泡茶勿过浓

饮食要适量，喝茶亦是。喝过量，或者过浓的茶，对身体有害。茶中的生物碱会使中枢神经过于兴奋，造成心跳加快，增加心脏和肾脏的负担。过高过浓的咖啡碱和多酚类物质还会对肠胃产生刺激，会抑制胃液分泌，影响消化功能。

根据人体对茶叶中药效成分和营养成分的合理需求来判断，并考虑到人体对水分的需求，成年人每天饮茶的量以每天泡饮干茶 5 至 15 克为宜，这些茶的用水总量可控制在 400 至 800 毫升。这只是对普通人每天用茶总量的建议，具体还须考虑人的年龄、饮茶习惯、所处生活环境和本人健康状况等。如运动量大、消耗多、进食量大的人，或是以肉类为主食的，每天的饮茶量可高达 20 克左右。对长期在缺少蔬菜、瓜果的海岛、高山、边疆等地区的人，饮茶数量也可多一些，以弥补维生素等的不足。对那些身体虚弱，或患有神经衰弱、缺铁性贫血、心动过速等疾病的人，一般应少饮甚至不饮茶。至于用茶来治疗某种疾病的，则应根据医生建议合理饮茶。

2. 选择合适的饮茶时间

饮茶效果的好坏在很大程度上取决于饮茶时间的掌握。饭后不宜马上饮茶，一般以饭后半小时以后饮茶为好；饭前半小时以内一般也不宜饮茶，以免茶叶中的酚类化合物等与食物营养成分发生不良反应。临睡前也不要喝茶，以免茶叶中的咖啡碱使人兴奋，同时摄入过多水分引起夜间多尿，从而影响睡眠，当然，现在出现的脱咖啡因茶则不会有太大的影响。

何时饮茶也不可一概而论。一般来说，以解渴为目的的饮茶，渴了就饮，不必太刻意。若在进食过多肥腻食物后，马上饮茶也是可以的，因为这样可以促进脂肪排泄，消除胀饱不适及腻口等不良感觉。有口臭和爱吃辛辣食品的人，若在与人交谈前先喝一杯茶，则可减轻口臭。嗜烟的人，若能在抽烟同时喝点茶，就可减轻尼古丁对人体的毒害。脑力劳动者边工作边饮茶，可提神保健，并有利于提高工作效率。清晨起床洗漱后喝上一杯茶（不宜太浓），可以帮助清洗肠胃，补充水分，提神醒脑，对健康大有好处。

3. 即泡即饮，不喝过度冲泡或存放过久的茶汤

重金属元素（如铅、镉等）对人体健康危害极大。由于这些元素的水溶性很小，绝大部分都残留在泡过的叶底中，如果吃掉这些泡过的茶叶（有些人有吃叶底的习惯），所有的重金属也就被吃进去了。一般人们只喝茶汤，所以重金属摄入过量的问题很少见。一些水溶性较小的农药残留的情况也是如此，不吃泡过的叶子，可以减少农药残留进入人体。

对于边疆少数民族地区，人们主要饮用原料粗老的砖茶。由于这些茶中，氟的含量过高，容易因氟摄入过量而造成氟中毒。对此，应适当减少砖茶熬煮时间，这样可以减少氟的浸出率。当然，选用原料嫩度较好的茶叶，则不会有氟摄入过量的问题。

不喝冲泡次数过多或冲泡后存放时间过久的茶，这也是一个具有普遍意义的合理饮茶习惯。一杯茶经 3 次冲泡后，约有 90%的可溶性成分已被浸出，以后再冲泡，进一步浸出有效成分已十分有限，而一些对品质不利或对健康不利的物质会浸出较多，这不利于身体健康。茶叶泡好后存放太久，首先，会产生微生物污染，并造成微生物大量繁殖，在天气炎热的夏天尤其如此。其次，长时间的浸泡，茶叶中的茶多酚、芳香物质、维生素、蛋白质等物质氧化变质或变性，同时一些对茶叶品质和人体健康不利的成分也会较多地浸出。

4. 饮茶水温要适宜

有些茶，冲泡时为了最大程度激发茶香、激活茶性，会用滚烫的开水冲泡。虽然现在的饮茶方式已多种多样，但最主要的还是传统的开水泡饮方式。用开水泡好茶水后，在什么温度下饮用为好，这个问题非常重要，但又常被人们所忽视。

首先要避免烫饮，即不要在水温较高情况下边吹边饮。因为过高的水温不但会烫伤口腔、咽喉及食管黏膜，长期的高温刺激还是导致口腔和食道肿瘤的

一个诱因。在早期的饮茶与癌症发生率关系的流行病学调查中，曾发现有些地区的食道癌发生率与饮茶有一定的相关性，后来进一步的研究证明这是长期饮茶水温过高所造成的结果，而不是茶叶本身的问题。由此可见，饮茶水温过高是极其有害的。

其次，对于冷饮，则要视具体情况而定。一般年轻人阳气足、火旺，在夏季可喝一些凉茶以消暑解渴。但对老年人或体质较弱的人，应尽量避免饮凉茶，因为凉茶性寒，易损伤体弱者的脾胃功能和肺经功能；体弱者，特别是脾胃虚寒者饮茶，以热饮或温饮为好。

总之，在一般情况下提倡热饮或温饮，避免烫饮和冷饮。

二、科学储茶

懂喝茶，也要懂得茶叶的正确存储方式，茶叶在贮放后香气味道会发生变化，若同时在高温高湿、阳光照射下，会加速茶叶内含成分的变化，在短时间内使茶叶陈化变质，尤其是每年新采摘的绿茶，更应妥善保存。

引起茶叶劣变的主要因素有：光线、温度、茶叶水分含量、温度空气湿度、氧气、微生物、异味污染，其中微生物引起的劣变受温度、水分、氧气等因子的限制，而异味污染则与贮存环境有关。

茶叶保存最基本的要求是：一要干燥，二要低温（一般 0℃至 5℃较合适）。茶叶的储存关键是防压、防潮、密封、避光、防异味。

（一）依据茶类，科学储茶

茶类主要分为六大茶类，家里日常喝的茶叶都可以归属这六大类，而不同的茶类，其茶性和发酵程度、需陈化度也都不同。有的茶需尽快饮用，而有的茶则可以久存珍藏。所以不同的茶类，存放的方式也各有不同。

1. 绿茶

绿茶正常情况下保质期为 12 至 18 个月。根据《中华人民共和国国家标准：茶叶贮存（GB/T30375-2013）》中规定：绿茶的存放宜控制温度 10℃以下，相对湿度 50%以下，同时存放绿茶还需要注意密封、避光、防潮、防异味。

绿茶存放时间不宜过长，需尽快喝掉，最好不要跨年；3 个月内和短期频繁饮用的绿茶，可将茶叶密封好，装入铁罐容器内，放置在冰箱0℃至5℃冷藏保存；超过3个月或短期内不饮用的绿茶，可将绿茶密封好且应置于阴凉避光处，封存好，在容器外层套一个袋子，放入冰箱冷冻室－5℃温度保存即可。

一次性购买太多绿茶，未开封的应放在冰箱冷藏储存。放入冰箱保存后，其环境温度低且隔绝外界氧气，茶叶不容易变质，可延长茶叶保存时间。饮用冷冻收藏的绿茶时，需要等到包装袋内的茶叶恢复到室温时再打开饮用，否则会因温差大导致茶叶失去鲜度，引起变质。

茶百科

不适合放在冰箱储存的茶叶

由于冰箱环境温度低且隔绝外界氧气，茶叶不容易变质，因此，冰箱保存绿茶可延长茶叶储存时间。但并不是所有茶叶都可以在冰箱储存，普洱茶、白茶和花茶就不适合。这是因为普洱茶和白茶是由于后期转化的原因，特别是普洱茶更是讲究后期的陈化所体现出的饮用价值。将这两类茶放在冰箱里，在低温环境下，茶叶中生物酶的活性也会降低，从而影响茶叶转化的效率。花茶最大的特点是它的香气，放入冰箱则会使它的香气变得淡薄。所以花茶这类富有鲜花香气的茶叶都不太适合放在冰箱里保存。

2. 黄茶

黄茶储存时间不宜超过1年，需尽快喝掉（紧压黄茶除外）。因黄茶和绿茶的制作工艺相似，所以存茶的方式可通用。紧压黄茶因加入了黑茶的紧压工艺，有耐储优势，在口感上，存放几年也可保留黄茶的甘醇可口。

3. 红茶

红茶新茶香气虽好，但是火气较重，买回来新茶后可适当存放1至2个月后饮用。一年茶口感和香气最佳，可存两年以上，时间久了香气会变淡，但是滋味趋于醇和，耐泡度也增加。因红茶干茶含水量不高，所以很容易受潮或失散其香气，所以要避免与不同种类茶叶混合存放，存放处要密闭且保持干燥，避光避高温。

4. 乌龙茶

乌龙茶经杀青、萎凋、摇青以及半发酵、烘焙等工艺制作而成，制作里有焙火这一道工序，一般焙火的茶叶不宜马上饮用，因为易上火，火气也会遮盖茶的香气，焙火程度可分为轻火、中火、足火和高火，而焙火的程度也使得茶叶的存放方式和饮用口感有所不同。

低火：置 1 至 2 个月饮用为佳，没有经过烘焙或者轻焙火的乌龙茶的保质期相对较短，为了保持其鲜爽滋味，可放冰箱里存放，但最好也不要超过 1 年饮用。

中火：置 3 至 5 月饮用为佳，常温保存即可。

足火：置 6 个月至 1 年饮用为佳，常温保存即可。

高火：置 1 年以上，高火焙火透，适合存放成老茶，如果有收藏岩茶的习惯，高火茶是一个不错的选择。同时也要注意防潮、避光和密封。

5. 白茶

白茶有这么一句话："一年茶，三年药，七年宝。"所以白茶存放时间越久，干茶和茶汤的颜色就越深，滋味也就越柔和醇绵。

白茶新茶的青气较重，茶性寒凉，而经过陈化后的白茶，茶性趋于温暖，储存 20 年以上的白茶，适合煮饮。新茶青气较重，茶性寒凉；存茶环境洁净、通风、避光、无异味，若想存放成老白茶，可以考虑密封存放，放置于高处，不用低温保鲜，常温即可。一般存老白茶以嫩度较低的白牡丹、寿眉为主，而白毫银针鲜爽，可尽快饮掉，不易久存。

短期存放的白茶饼，可准备一个牛皮纸袋，然后将白茶饼装入袋中，挤掉空气封口，放置在干燥无异味处；长期存放的白茶饼，可用铝箔袋将白茶装好后密封，外层再套一层塑料袋，挤掉空气，用绳子系好口，最后放入纸箱子，安置在阴凉的地方。

6. 黑茶

黑茶越陈越香，黑茶可存放数年而不变质，可长期保存。品质可靠、工艺到位的黑茶，具有耐久藏的特点，经过后期的陈化味道会趋于醇和厚滑。黑茶存放只需在常温状态下保存即可，过于干燥会使得茶叶丢失水分，过于湿润又会使得茶叶发霉，注意通风干燥，避强光即可。

（二）依据茶器，科学储茶

茶叶在储藏过程中，其色、香、味极易受环境中温度、相对湿度、氧气、光线等影响，引起品质发生变化，甚至变质。因此，保持良好的储藏条件十分必要。绿茶、黄茶、乌龙茶宜尽早饮完，储藏时间过长会导致其失去原有的特征性风味。若短时间内存放茶，可用没有异味的铁罐密封，并避光保存。若长时间贮藏，冰箱低温冷藏较好。贮藏时，应注意采用铝箔等隔绝性能较好的材料进行包装，防止串味，重点在防止霉变。红茶在正确存放条件下，宜 3 年内饮用。对于黑茶、白茶，可存放一段时间后再喝，这类茶储存在包装好后，存放在通风、干燥无阳光直射及空气湿度低的环境中。

1. 紫砂材质茶叶罐

紫砂的材质呈双重气孔结构，是多孔性材料。用紫砂泥制作的茶叶罐透气性能好，用来存放茶叶，能保持茶叶新鲜，并可将茶叶中的异杂味消解挥发，使茶叶变得香醇可口，色泽如新。

2. 瓷制茶叶罐

瓷质罐子除了表面瓷质玉白、釉面光亮外，其性能较为稳定，可有效保持存储物的原有品质。同时，也是收藏珍品。

图 6-1　紫砂茶叶罐

图 6-2　瓷质茶叶罐

3. 木制茶叶罐

密封性能较好，价格适中，适合一般贮存茶叶使用，但不防潮。

4. 不锈钢材质茶叶罐

密封性能较好，价格中档，防潮、防光性能较好，适合家庭贮藏一般的茶叶。

图 6-3　木质茶叶罐

图 6-4　不锈钢茶叶罐

5. 锡质茶叶罐

锡质茶叶罐密封性能佳，防光、防潮、防异味性能好，适合用来贮藏比较名贵的茶叶。乌龙茶、红茶比较适合用锡罐来储茶。需注意的是茶叶一定要装满，这样是为了减少氧化，最后加盖密封。

6. 铁制茶叶罐

密封性能一般，防光性能较好，但防潮性能较差，时间长了，还有可能生锈。

图 6-5　锡质茶叶罐

（三）其他储茶方法

1. 生石灰贮存法

石灰是一种干燥剂，用生石灰保存茶叶时，将茶叶用薄质牛皮纸包好，捆牢，分层堆放于干燥而无异味完好的坛子或无锈、无味的小口铁桶四周，在坛或桶的中间放一袋或数袋半风化的生石灰，上面再放茶叶数包，然后用牛皮纸堵塞坛口，上面加盖，置于干燥处，一般 1 至 2 个月换一次石灰，此法因茶叶不易受潮湿，故保存时间较长，只要按时换石灰，茶质也不易发生变化，此法常用于白茶储存。

茶百科

用生石灰储茶的好处

生石灰不论外界环境湿度高低，能保持大于自重 35%的吸湿能力，更适合于低温度保存，具有极好的干燥吸湿效果。储存起来也比较方便，不论是木炭还是罐子储茶，都有它的局限性。生石灰的干燥性能强，石灰的主要成分为氧化钙，其吸水能力是通过化学反应来实现的，吸水具有不可逆性。因此，用生石灰储茶是非常好的一种储茶方式。

2. 食品袋贮存法

用两只新的无味、无孔的塑料食品袋，将干燥的茶叶用防潮湿纸包好后，装入其中一只袋内，轻轻挤压，将袋内的空气挤出，然后用绳子扎紧袋口，再将另一只袋子反向套在第一只袋子的外面，待袋内空气挤出后，再用绳子扎紧袋口，最后放入干燥、无味、密闭的铁桶内贮存。

茶百科

开封的茶叶怎么保存

茶叶开封后保存时最需要注意的是含水量、跑香、串味几个问题。

用密封袋包装的足火乌龙茶、红茶打开以后，在常温下，如果能够保证茶叶的含水量在标准以内，为防止跑香、串味，可在打开原有的包装袋时可以尽量把口开小一点，取完茶以后将开口折好，用夹子夹紧，连茶叶带包装一起放进厚一点的食品塑料袋里，扎口保存。为了防湿，可以在塑料袋里放一点食品干燥剂，保证茶叶的含水量在标准以内。

开封的茶叶如果是绿茶、黄茶、非足火的乌龙茶，可以装入铝箔袋，然后用夹子将口封住，装入马口铁罐内，盖上盖子，外层再套入一个袋子，系好口，最后放入冰箱冷藏保存即可，保存时需要注意防止异味，不定期进行检查。

把开封的茶叶直接放进锡罐，盖上盖子，茶叶即可很好的保鲜、保质，这是最省心的一种储存方式。铁皮罐、陶罐也可用来存茶，这两种罐子防潮能力差一点，如果茶叶需要保存的时间较长，可以在里面加一点干燥剂，或者用塑料袋把茶叶包好再放进去。

参考文献

[1] 刘永升．茶道［M］．北京：大众文艺出版社，2010.

[2] 王渝生．农业史话［M］．上海：上海科学技术文献出版社，2019.

[3] 刘艳双，丁秀姝．休闲文化欣赏［M］．北京：北京理工大学出版社，2016.

[4] 中国茶叶博物馆．中国茶事大典［M］．北京：中国农业出版社，2019.

[5] 农牧渔业部农业局．中国农业名产茶叶分册［M］．北京：农业出版社，1985.

[6] 国家旅游局人事劳动教育司．导游基础知识（第2版）［M］．北京：旅游教育出版社，1999.

[7] 王琼．茶艺师中级［M］．北京：中国劳动社会保障出版社，2006.

[8] 詹詹．一席茶：茶席设计与茶道美学［M］．中国轻工业出版社，2019.

[9] 陈斌，禹和平，靳曦．民间美术与现代设计［M］．武汉：华中科技大学出版社，2018.

[10] 陈宗懋．中国茶叶大辞典［M］．北京：中共轻工业出版社，2000.

[11] 中国农业百科全书编辑部．中国农业百科全书（茶业卷）［M］．北京：农业出版社，1988.

[12] 陈龙．中国名茶购买品鉴全攻略［M］北京：电子工业出版社，2004.

[13] 江万绪．茶艺师（高级）［M］．浙江：浙江省职业鉴定中心印制，2008.

[14] 张星海，何仁聘．红茶加工与审评检验 [M]. 北京：化学工业出版社，2015.

[15] 杨颖，汤金艳，彭惠林．茶艺基础 [M]. 北京：航空工业出版社，2018.

[16] 劳动和社会保障部，中国就业培训技术指导中心．国家职业资格培训教材茶艺师基础知识 [M]. 北京：中国劳动社会保障出版社，2004.

[17] 劳动和社会保障部，中国就业培训技术指导中心．国家职业资格培训教材茶艺师高级技能 [M]. 北京：中国劳动社会保障出版社，2004.